社会主义安全生产论

简　新◎著

内容提要

本书是一部专门论述社会主义安全生产的著作。书中分析论述了在当今经济全球化和风险社会的时代背景下安全生产的极端重要性，对社会主义安全生产目的、功效、规律、机制、使命等社会主义安全生产重大课题进行了透彻分析和详细阐述；明确提出抓好安全生产直接关乎解放和发展社会生产力的成败、关乎建设社会主义市场经济的成败、关乎建设社会主义和谐社会的成败、关乎促进人的全面发展的成败。本书是一部我国安全生产理论探索创新的著作，对加强和改进社会主义安全生产工作具有较强的针对性、指导性和实用性。

图书在版编目(CIP)数据

社会主义安全生产论 / 简新著. —北京 ：气象出版社，2019.12

ISBN 978-7-5029-7132-8

Ⅰ.①社… Ⅱ.①简… Ⅲ.①社会主义生产—安全生产—研究—中国 Ⅳ.①X93

中国版本图书馆 CIP 数据核字(2019)第 295239 号

出版发行：气象出版社
地　　址：北京市海淀区中关村南大街 46 号　　**邮政编码**：100081
电　　话：010-68407112(总编室)　010-68408042(发行部)
网　　址：http://www.qxcbs.com　　**E-mail**：qxcbs@cma.gov.cn
责任编辑：张盼娟　彭淑凡　　**终　　审**：吴晓鹏
责任校对：王丽梅　　**责任技编**：赵相宁
封面设计：燕　彤
印　　刷：北京中石油彩色印刷有限责任公司
开　　本：850 mm×1168 mm　1/32　　**印　　张**：7.5
字　　数：202 千字
版　　次：2019 年 12 月第 1 版　　**印　　次**：2019 年 12 月第 1 次印刷
定　　价：30.00 元

抓好安全生产
建设社会主义

（自序）

邓小平同志深刻指出："社会主义的本质，是解放生产力，发展生产力，消灭剥削，消除两极分化，最终达到共同富裕。"

社会主义的本质就是要解放生产力、发展生产力，最终达到共同富裕，这就必然要求社会主义现代化建设事业的各个方面、各项工作都要服务和保障解放生产力、发展生产力、实现全体人民共同富裕；这就必然要求社会主义安全生产也必须服从和保障这一目标的实现。因此，社会主义安全生产的目的就应当是促进和保障社会主义国家的经济社会科学发展、安全发展。具体而言，就是实现"四个低代价"——促进经济社会走上低生命代价、低财富代价、低资源代价、低环境代价发展的科学道路。

当前，我国正处于工业化、城镇化持续推进的过程中，处于经济社会快速发展阶段，粗放型的发展方式尚未得到根本扭转，社会管理落后于经济发展的局面尚未得到根本改变，这就带来大量安全问题。我国仍然处于安全事故多发、高发、易发的时期，随时都可能发生安全事故，这既给社会主义现代化建设带来巨大阻碍，又给人民群众的安全健康带来巨大威胁，给中国的国际形象带来巨大损害。

为了更好地解放生产力、发展生产力、保护生产力，为了促进经济社会走上"四个低代价"（低生命代价、低财富代价、低资源代价、低环境代价）发展的科学道路，为了保护好人民群众的安全健康，为了维护中国的国际形象，就必须全力以赴抓好社会主义安全生产。

当今世界，和平与发展仍然是时代的主题。中国是世界的一部分，中国的发展进步离不开世界，世界的繁荣稳定也需要中国。中国作为社会主义大国，在构建更加公正合理的国际体系和国际秩序、构建人类命运共同体中，应当发挥更大的作用、作出更大的贡献。抓好社会主义安全生产就是中国对人类的一项重要贡献。

要抓好社会主义安全生产，就必须遵循社会主义安全生产规律和机制，发挥社会主义安全生产功效，承担社会主义安全生产使命，达到社会主义安全生产目的，只有这样，才能将中国加快建设成为世界安全生产大国、强国。这必将为中国的和平发展提供持久的安全保障，必将为中国求发展、求和谐、求合作、求和平提供强大的安全力量，必将为中国人民和世界人民的平安幸福提供可靠的安全支撑。

简　新

2019 年 9 月 15 日

目　录

绪 论

德国著名哲学家黑格尔有一句名言:“无知者是不自由的,因为和他对立的是一个陌生的世界。”在安全生产工作上也是如此。只有准确、深刻、全面地了解安全生产工作,才有可能抓好安全生产工作;如果对安全生产工作一知半解甚至一无所知,是不可能抓好安全生产工作的。

《中华人民共和国宪法》明确规定:“我国将长期处于社会主义初级阶段。国家的根本任务是,沿着中国特色社会主义道路,集中力量进行社会主义现代化建设。”

《中华人民共和国宪法》还规定:“坚持社会主义道路,坚持改革开放,不断完善社会主义的各项制度,发展社会主义市场经济,发展社会主义民主,健全社会主义法制。”

可见,我国走的是社会主义道路,建设的是社会主义现代化,发展的是社会主义市场经济;同样,我们大力推进的也是社会主义安全生产。

正如黑格尔所说,无知者是不自由的,因为和他对立的是一个陌生的世界,这句话对我们抓好安全生产工作具有很强的启发作用。在实际工作中,人们对于工作对象把握得越全面、认识得越深刻,在思想上和行动上的自由程度就越高,取得成功的把握就越大。我们大力推进社会主义安全生产,就必须对社会主义安全生产有着准确、深刻、全面的了解,这样才能在实际工作中掌握主动,拥有自由,这样才不至于因为自身的无知而陷入盲目和被动,误入歧途和弯路。

然而，新中国成立70年来，全社会特别是企业界对于社会主义安全生产的科学知识、科学原理、科学规律、科学方法又探索了多少，了解了多少，应用了多少呢？

要抓好社会主义安全生产，首先必须了解它的丰富内涵，包括社会主义安全生产的目的、功效、规律、机制、使命、阶段等，只有对所有这些内容深刻了解和掌握，才能在实际工作中推动社会主义安全生产工作沿着正确的道路前进。

新中国成立70年来，尽管在安全生产实践上进行了多方面的探索，也有着正反两方面的经验教训，但是由于对安全生产工作的重视不够，以及在安全生产工作中对安全生产理论探索的重视不够，时至今日已经形成了“两个滞后”：安全生产工作的发展滞后于经济社会发展，不能为经济社会科学发展提供坚实可靠的安全保障；安全生产理论创新滞后于安全生产实践，不能为安全生产实践提供适度超前的科学理论指导。这样，一方面导致我国安全生产工作水平低下、形势严峻，另一方面又导致我国经济社会发展难以走上科学发展的轨道。

要改变这种状况，首先必须对社会主义安全生产的一系列重大理论课题进行深入研究探索，深刻把握社会主义安全生产的特点、性质、规律和要求，使安全生产工作的发展反映客观规律，体现时代要求，展示中国特色，彰显以人为本，从而为巩固和发展社会主义事业和社会主义制度提供可靠保障。

中国特色社会主义道路，就是以经济建设为中心，坚持四项基本原则，坚持改革开放，解放和发展社会生产力，建设社会主义市场经济、社会主义民主政治、社会主义先进文化、社会主义和谐社会、社会主义生态文明，促进人的全面发展，逐步实现全体人民共同富裕。而要解放和发展社会生产力，建设社会主义市场经济、社会主义和谐社会、社会主义生态文明，促进人的全面发展，都必须大力推进社会主义安全生产。

2006年3月27日,胡锦涛同志深刻指出:“进一步认识做好安全生产工作的极端重要性。”(中共中央文献编辑委员会,2016)

做好安全生产工作之所以具有“极端重要性”,就是因为它直接关乎解放和发展社会生产力的成败,直接关乎建设社会主义市场经济的成败,直接关乎建设社会主义和谐社会的成败,直接关乎促进人的全面发展的成败。

第一,做好安全生产工作,直接关乎解放和发展社会生产力的成败。

马克思主义的历史唯物主义认为,生产力是一切社会发展的最终决定力量。社会主义制度建立以后,要巩固和发展社会主义,就必须进一步解放生产力、发展生产力;而要解放生产力、发展生产力,就必须做好安全生产工作,使经济建设在有着充足安全保障的情况下进行,只有这样才能多、快、好、省地建设社会主义。

从生产劳动的发生看,人的劳动都是由劳动者、劳动资料和劳动对象构成的,其中,劳动者是能动的、积极的、创造性的因素。要解放和发展社会生产力,首先必须保证劳动者、劳动资料和劳动对象的安全和完好,只有这样这三者才能在生产劳动过程中正常发挥作用,创造产品和价值。一旦发生事故,劳动者、劳动资料和劳动对象无论哪一方面受到损失,生产劳动将被迫中止,同时社会财物也被大量毁坏,这就阻碍了生产力的发展。一些特别重大事故,导致一次死亡几百人甚至上千人,直接经济损失高达几亿元、几十亿元甚至几百亿元,大大破坏了社会生产力的正常发展,从反面证明了做好安全生产工作的极端重要性。

第二,做好安全生产工作,直接关乎建设社会主义市场经济的成败。

我国经济改革的目标,是建立社会主义市场经济体制。将社会主义同市场经济结合起来,是一个全新的创举,是一项崭新的事业,没有成功的先例可循,因此,必须充分认识这场根本性变革的艰巨性、复杂性、深刻性和长期性。为了保障这一根本性变革的顺利推进，就必须提供安定有序的生产生活秩序，就必须切实抓好安全生产工作。

在从传统的计划经济体制向社会主义市场经济体制转变的过程中，体制、法律、政策、管理、思想文化等的调整完善需要一个较长的过程，各类经济活动主体也需要一个适应的过程，绝不可能一蹴而就。由于市场本身所具有的盲目性和局限性，在社会主义市场经济的发展过程中也会不同程度地暴露出来。为了顺利实现我国经济体制的深刻转变，为了更好地发挥市场经济的积极作用，减少和消除市场的盲目性和局限性，就需要从宏观和微观两个层面为建设社会主义市场经济提供可靠保证。从宏观上讲，必须确保市场竞争的秩序性和社会环境的稳定性；从微观上讲，必须确保市场竞争的主体——企业生产经营的连续性和平稳性。一旦发生生产安全事故，就可能干扰宏观经济的正常运行和社会和谐稳定，同时也会影响发生事故的企业乃至整个行业的正常生产经营，这必然对社会主义市场经济的建设造成诸多方面的冲击和破坏。

第三，做好安全生产工作，直接关乎建设社会主义和谐社会的成败。

建设和谐社会，拥有幸福美好，始终是人类孜孜以求的一个社会理想，也是中国人民长期以来不懈追求的一个奋斗目标。要建设社会主义和谐社会，就必须抓好安全生产工作。

社会主义和谐社会，既包括人与人之间的和谐相处，也包括人与自然之间的和谐相处，这两个方面都离不开安全生产。

1990 年 5 月 18 日，中共中央政治局常委、全国政协主席李瑞环在中国职工思想政治工作研讨会第六次会议上指出："在社会主义制度下，人民群众的根本利益是一致的，这就决定了人与人之间应该是诚恳宽厚、平等互助、团结友爱、和谐融洽的新型关系。尊重人、理解人、关心人，是社会主义新型人际关系的一个重要表现，也是建设社会主义新型人际关系的一个基本方法。”

安全生产对维护平等、互助、团结、和谐的新型人际关系的阻碍和破坏，表现在两方面，一是发生生产安全事故，二是职业病。无论哪种情况，都将破坏人际关系中的平等原则和互利原则，致使人际关系紧张甚至破裂，这就谈不上人与人之间的和谐。

发生生产安全事故，还会导致能源资源的巨大浪费和生态环境的严重破坏。例如一场严重的燃烧爆炸事故，不仅会导致几十人甚至上百人的群死群伤，导致无数社会财富和资源顷刻之间化为乌有，还会直接破坏生态环境，这就直接破坏人与环境之间的和谐相处。

同时，生产安全事故对能源资源的破坏浪费并不限于直接层面，其对生命的毁坏，同样是对能源资源的巨大耗费，因为一个人从出生到长大，其衣食住行等各方面都要使用大量能源资源。2015 年，我国发生各类事故 281576 起，死亡 66182 人，仅从能源资源的角度看，不幸死亡的 66182 人在他们的生命历程中就使用了大量能源资源，由于一场事故而使生命终结，这是多么令人痛惜啊！

第四，做好安全生产工作，直接关乎促进人的全面发展的成败。

马克思指出："任何人的职责、使命、任务就是全面地发展自己的一切能力。"（中共中央编译局，1960）

人类要生存和发展，就必须进行各种活动，整个人类所进行的各种各样、千差万别的活动，归根到底就是两种活动，一是生产活动，二是消费活动。人的全面发展，必然也只能体现在这两大类活动过程之中；而要在这两种活动中实现"全面发展"的预定目标，就离不开一个根本前提，就是人的生命存在、身体健康，这就离不开安全生产。

人要全面地发展自己的一切能力，不仅要求生命存在，同时还要求身体健康、智力正常，这是人学习知识、提高素质、发展能力所必不可少的。特别是在当今知识经济时代，人类各方面的知识同以往所有时代相比，知识的种类、数量是其几千倍、几万倍，任何人要熟练掌握某种社会职业的知识和技能，都必须终身学习、终身实践，才可能适应这一社会职业对他提出的基本要求。

与此同时，随着全社会知识化程度的不断提高，科技创新的加速发展，社会节奏以及工厂企业生产节奏的日益加快，劳动者面临的竞争和承担的风险也变得更加严峻，这就要求劳动者还必须有良好的心理素质来面对这些竞争和风险。如果劳动者在工作中因为生产安全事故或职业危害导致自身身体受伤或智力受损，他将无法有效应对各方面的巨大压力，不能适应工作岗位的要求，就业谋生都成了问题，又何谈全面发展。因此，做好安全生产工作，直接关乎促进人的全面发展的成败。

党的十八大以来，中国特色社会主义制度更加完善，国家治理体系和治理能力现代化水平明显提高，我国政治稳定、经济发展、文化繁荣、民族团结，人民幸福，这既为抓好安全生产工作提供了有利条件，同时也对安全生产工作提出了更高要求。

做好安全生产工作的四个“直接关乎成败”，即直接关乎解放和发展社会生产力的成败、直接关乎建设社会主义市场经济的成败、直接关乎建设社会主义和谐社会的成败、直接关乎促进人的全面发展的成败，正是做好安全生产工作“极端重要性”的集中体现，这也是全社会特别是企业界必须全力以赴抓好安全生产工作的原因所在。正因如此，加强对社会主义安全生产工作理论和实践的探索、研究和总结，进一步认识社会主义安全生产的规律和原则、体制和机制、手段和途径，对于提高我国安全生产工作水平，促进经济社会科学发展、安全发展必将起到巨大的促进作用；同时，这也将为早日将我国建设成为世界安全生产大国和安全生产强国提供强大的理论支持。

第一章　社会主义安全生产目的

要抓好社会主义安全生产，首先必须深刻了解社会主义安全生产的丰富内涵。而要了解社会主义安全生产的内涵，首先必须明确社会主义安全生产的目的。

1980年6月16日，国务院副总理万里在全国第三次工会群众劳动保护工作会议上指出："为什么我们社会主义国家，在伤亡事故、职业病、环境保护、资源保护等方面，还比不上资本主义国家？这个问题值得我们深思。工人阶级在劳动中处于这样一种状况，应当引起我们的充分注意。"

万里副总理还特别强调指出："不重视工人的生命安全和健康，对我们共产党人来说，不仅是缺乏阶级观点，也缺乏革命的人道主义。"

抓好社会主义安全生产，从社会制度的角度讲是一场社会主义与资本主义优越性与发展权的竞争；从加强和改善党的领导的角度讲，是一场保障工人阶级根本利益、巩固党的阶级基础、扩大党的群众基础的考验。无论是在国际上的竞争，还是在国内的考验，都要求必须将安全生产工作抓好，这既是巩固社会主义制度的必然要求，也是加强党的领导的必然要求。

那么，社会主义安全生产的目的是什么呢？

安全生产工作最直接、最明显的目的，就是保证生产正常进行、保证人员安全健康，从而使生产劳动能够平稳有序地持续进行下去，然而，这只是安全生产工作浅层次的目的，要探究社会主义安全生产的深层次的目的，就必须同社会主义的本质紧密相连。

邓小平同志深刻指出："社会主义的本质，是解放生产力，发展生产力，消灭剥削，消除两极分化，最终达到共同富裕。"(中共中央文献编辑委员会，1993)

社会主义就是要解放生产力、发展生产力，达到全体人民共同富裕，这就必然要求社会主义现代化建设事业的各个方面、各项工作都要服务和保障解放生产力、发展生产力、实现全体人民共同富裕，这就必然要求社会主义安全生产也必须服从和保障这一目标的实现；因此，社会主义安全生产的目的就应当是促进和保障社会主义国家的经济社会科学发展、安全发展。具体而言，就是实现"四个低代价"——促进经济社会走上低生命代价、低财富代价、低资源代价、低环境代价发展的科学道路。

对社会主义安全生产目的的认识是否清晰、明确，关系着社会主义安全生产工作在社会主义现代化建设事业中的地位是否突出、布局是否科学、资源是否充沛、投入是否足够，当然也就关系着社会主义安全生产工作的成败优劣。

第一节　促进经济社会低生命代价发展

发展是当今时代最鲜明的主题。发展中国家为了赶超发达国家，不断推进其现代化的进程；发达国家为保持其科技和经济优势，也在继续推进其发展。不同的发展阶段、不同的发展实践，形成了各种各样的发展观。在当今世界，发展观已经不仅仅是对以往发展路径和发展成果的简单总结，更是人类对发展过程中产生的各种矛盾问题的反思和对未来发展路径的设想。随着人类社会的进步，不同国家和地区在发展观上也越来越呈现出一些共同的特征。

一是更加注重人的全面发展。在一些国家的发展进程中，存在着单纯追求物质财富、忽视人的全面发展的现象，其后果就是导致发展走上歧路，这就促使人们重新审视人在发展过程中的地位和作用。在发展观上，更多地维护人的现实利益，增加人的选择机会和选择自由，提高人的生存和发展能力，通过经济发展和社会进步促进人的全面发展，实现人的应有价值。

二是更加注重可持续发展。在经济社会发展过程中，单纯掠夺自然的增长方式已经威胁到人的生存和发展。日益严峻的现实使人们逐渐认识到，任何只顾眼前利益而不考虑未来影响的发展，都是不科学、不理性的发展。经济社会的发展和人的生存，都离不开资源和环境，自然资源和环境不是属于某一代人或某一国家、地区的，而是属于不断繁衍生息的全人类的，人类的生产活动和生活方式都不应该对未来人类改善生活条件的能力造成危害。因此，为了整个人类的总体利益和长远利益，就必须变竭泽而渔为可持续发展。

在新的发展观的影响下，“以人为本”的理念逐步得到确立，并成为经济社会发展的一条重要原则和评判其优劣成败的根本标准。

那么，“以人为本”是谁最早提出来的呢？是我国春秋战国时期诸子百家中的管子。

管子即管仲，是辅佐齐桓公成就霸业的著名政治家。

管子思想中最为珍贵的部分，就是他提出的“以人为本”的主张。“以人为本”最早见于《管子·霸言》：“夫霸王之所始也，以人为本。本理则国固，本乱则国危。”霸言篇是不是管子所著，虽然无法断言，但管子有“以人为本”的思想认识，则是确定无疑的。因此，即使霸言篇不是管子本人的作品，但仍然可以将“以人为本”的主张看作是管子思想的提炼概括之一。

在诸子百家中对人同样高度重视的学派是墨家，其创始人墨翟，又称墨子。

墨家主张“兼相爱交相利”，主张在社会生活中必须贯彻“兼相爱交相利”的原则，使人与人之间和睦相处、共同发展，这样就能收到治家、治国、治天下的效果，建立一个“兼相爱”的社会。

在墨家思想中，爱民、利民的特色非常突出。墨家注重发挥贤者、智者的社会作用，特别注重对下层人民中的贤者、智者的发现和任用，反映了墨家对下层人民的重视。墨家对“仁者”专门作了规定：“仁人之所以为事者，必兴天下之利，除去天下之害，以此为事者也。”墨家对“明王圣人”也作了规定：“古者明王圣人，所以王天下，正诸侯者，彼其爱民谨忠，利民谨厚，忠信相连，又示之以利。”这些论述，充分体现了墨家重民、爱民、利民的思想。

此外，墨家注重人的力量和作为，反对“有命”论，认为人的贵贱、富贫、饱饥、暖寒都不是“命”决定的，而是人们自己造成的；只要充分发挥人的积极性和创造性就可以改变自己的命运，贱可以至贵、贫可以至富、饥可以至饱、寒可以至暖，倡导社会上所有的人都应努力发挥自己的才能从而创造自己的幸福，这是墨家主张积极对待人生、反对消极对待人生的表现。

中华文明历来注重以民为本，尊重人的尊严和价值。早在千百年前，我国古代思想家就提出了“民唯邦本，本固邦宁”“天地之间，莫贵于人”“政之所兴，在顺民心；政之所废，在逆民心”。特别是在2000多年前，春秋时期的管子、墨子就已明确提出“以人为本”“重民、爱民、利民”的宝贵思想，并亲身躬行，这是十分难能可贵的。中国古代的民本思想，体现了朴素的重民价值取向，强调要利民、裕民、养民、惠民、安民，这在整个人类发展进步的历史进程中都称得上独树一帜、光彩夺目。

中华人民共和国的成立和社会主义基本制度的建立，掀开了中国历史的新篇章，也掀开了中国人民自己掌握自己命运的新篇章。人民成为国家的主人，以人为本和利民、裕民、养民、惠民、安民成为全社会的共识和共同追求，更应当、也更有条件做得更好。在这方面一个十分重要的内容，就是在大力推进社会主义现代化建设事业、大力发展社会生产力的同时，抓好社会主义安全生产，切实保护好劳动者和人民群众的生命安全和身体健康，使经济社会发展走上一条低生命代价发展之路。

坚持以人为本，将人的需要和全面发展作为经济社会发展的出发点和归宿，是对人类发展规律认识的一次飞跃，是对人在经济社会发展中的核心作用和地位认识的一种升华。随着经济的发展、社会的进步和生活的改善，人们已经越来越深刻地认识到，促进经济社会的发展，不仅仅是物质财富的积累，更重要的是实现人的全面发展；发展经济的目的，不仅仅是为了满足人民日益增长的物质文化生活的需要，还包括满足人民生命安全和身心健康的需要、人的全面发展的需要。

人是发展的目标，同时也是发展的源泉，因此，在经济社会发展中必须确保人的安全与健康，这原本是一个众所周知的社会常识，然而，就是这样一个社会常识，在我国 70 年的社会主义建设实践中，却时而被忽视、被忘记，甚至被否定，其直接后果，就是“安全第一”的理念长期未得到普遍确立，“安全第一、预防为主、综合治理”的方针长期未得到认真坚持，安全生产责任制长期未得到严格落实，并导致我安全生产工作水平长期以来一直在较低水平徘徊。特别是近 20 年来我国一直处于生产安全事故易发多发的高峰期，尤其是重特大事故尚未得到有效遏制，我国安全生产形势多年来一直呈现严峻局面，使经济发展在连年保持较高增长速度的同时，付出了相当大的人的生命代价，同我们发展的目的根本背离，并引起国际上友好人士的关注和批评，这是整个社会永远的伤痛。

在我国社会主义现代化建设过程中所付出的人的生命代价有多大呢？

新中国成立以来，我国经济发展走过了一条曲折探索的道路，经过了多次大起大落，与此相应，我国的安全生产工作也在曲折中发展，从生产安全事故死亡人数看，我国大致经历了五个事故高峰期。

第一个事故高峰期是在 1958 年“大跃进”时期。由于生产秩序混乱，职工不遵守规章制度，盲目生产，出现了大量的违章作业，导致各类生产安全事故频频发生，这个高峰期的最高点是1960年，年死亡人数为21938人，是新中国成立以来，我国工矿企业事故死亡人数最多的一年。

第二个事故高峰期是在1971年至1973年，正处于“文化大革命”期间。安全生产工作被忽视，甚至被批判，安全生产和劳动保护被说成是“资产阶级的活命哲学”，用无数鲜血和生命换来的安全生产规章制度被说成是“修正主义的管、卡、压”，致使劳动纪律松弛，违章指挥和冒险蛮干比比皆是，造成伤亡事故大幅度上升。

第三个事故高峰期是“文化大革命”结束后的一个时期。“文化大革命”结束后，全国广大职工焕发出高昂的工作热情，但由于科学文化特别是安全生产知识和技能的欠缺，再加上当时追求高速度和高指标倾向严重，生产建设不实事求是，不尊重科学，导致伤亡事故频繁发生。

第四个事故高峰期发生在1992年至1993年，由于经济加速发展，国有企业改革正在大力推进，乡镇企业和个体私营企业大量增加，而安全生产保障条件却没有同步跟上，安全生产管理体制也不相适应，导致事故高发。

第五个事故高峰期发生在2000年至2004年。1999年地方政府机构改革工作中，安全生产监督管理机构进行了较大变动，在职能划转过程中，安全生产监督管理机构被弱化，安全生产监督管理人员大量流失，整个社会特别是企业安全生产管理水平明显下降，重特大事故频繁发生，伤亡事故数量大幅度上升。为此，国务院于2001年2月成立了国家安全生产监督管理局，2005年2月升格为国家安全生产监督管理总局，通过对机构的升格进一步加强安全生产工作。

进入21世纪，我国进入工业化、城镇化加快发展时期，经济持续快速增长的同时安全生产基础仍然比较薄弱，安全生产责任制不落实，安全防范和监督管理不到位，安全投入欠缺，违法生产经营建设行为屡禁不止，生产经营单位从业人员安全素质不高。所有这些因素交织叠加，导致我国还处于生产安全事故易发多发的高峰期，安全生产的各方面工作亟待进一步加强，而最严重的后果就是广大劳动者付出了巨大的生命和健康代价；而这些生命代价，原本在很大程度上是可以避免的。

1990 年至 2018 年我国安全生产状况如下：

1990 年，死亡 68342 人；

1991 年，死亡 72618 人；

1992 年，死亡 78568 人；

1993 年，死亡 96298 人；

1994 年，死亡 99672 人；

1995 年，死亡 103543 人；

1996 年，死亡 101600 人；

1997 年，死亡 101037 人；

1998 年，死亡 104126 人；

1999 年，死亡 108086 人；

2000 年，全国事故起数 830397 起，死亡 118198 人；

2001 年，全国事故起数 1000629 起，死亡 130491 人；

2002 年，全国事故起数 1076939 起，死亡 138965 人；

2003 年，全国事故起数 963976 起，死亡 136340 人；

2004 年，全国事故起数 808433 起，死亡 136025 人；

2005 年，全国事故起数 717938 起，死亡 127089 人；

2006 年，全国事故起数 627158 起，死亡 112822 人；

2007 年，全国事故起数 506376 起，死亡 101480 人；

2008 年，全国事故起数 413752 起，死亡 91172 人；

2009 年，全国事故起数 379248 起，死亡 83200 人；

2010 年，全国事故起数 363383 起，死亡 79552 人；

2011 年，全国事故起数 347728 起，死亡 75572 人；

2012 年，全国事故起数 336988 起，死亡 71983 人；

2013 年，全国事故起数 309303 起，死亡 69453 人；
2014 年，全国事故起数 305688 起，死亡 68076 人；
2015 年，全国事故起数 281576 起，死亡 66182 人；
2016 年，全国事故起数 63205 起，死亡 43062 人；
2017 年，全国事故起数 52988 起，死亡 37852 人；
2018 年，全国事故起数 4.9 万起，死亡 34046 人。

可以看出，经过各方不懈努力，我国安全生产工作取得了实际成效，事故起数和死亡人数从 2002 年的最高峰持续下降，然而我国安全生产工作的被动局面仍未得到根本改观，形势依然严峻。

2006 年 3 月 27 日，胡锦涛同志深刻指出："人的生命是最宝贵的。我国是社会主义国家，我们的发展不能以牺牲精神文明为代价，不能以牺牲生态环境为代价，更不能以牺牲人的生命为代价。"（中共中央文献编辑委员会，2016）

正如胡锦涛同志所说，人的生命是最宝贵的，我国是社会主义国家，我们的发展不能以牺牲人的生命为代价。建设社会主义，推进社会主义现代化建设事业，就必须走一条低生命代价发展之路。然而，"以低生命代价建设社会主义"在我国 70 年的发展建设历程中并没有得到足够重视和坚决执行，在相当长的时期内，在一些地区很多企业乃至地方政府为了经济增长和利润增加不惜冒着生命风险，使我国社会主义建设付出了高昂的人的生命的代价，这在我国煤炭行业体现得最突出、最严重。

煤炭工业是关系我国经济命脉和能源安全的重要基础产业。从新中国成立至今，煤炭始终是我国的主体能源，我国特有的资源禀赋也决定了在未来相当长的时期内，以煤炭为主体的能源结构不会改变。我国石油和天然气这两种能源明显偏少，资源构成以劣质能源煤炭为主，这同当今世界能源消费以石油天然气为主的状况差距很大。

然而，正是这一点，成为国务院 2011 年 11 月 26 日印发的《国务院关于坚持科学发展安全发展　促进安全生产形势持续稳定好转的意见》所指出的"我国正处于工业化、城镇化快速发展进程中,处于生产安全事故易发多发的高峰期,安全基础仍然比较薄弱,重特大事故尚未得到有效遏制,非法违法生产经营建设行为屡禁不止"等安全生产形势严峻的一个深层次原因。

以煤炭为主的能源结构,对我国安全生产有着怎样的影响呢?

如果用一句话来概括我国煤炭行业安全生产状况,就是:重中之重、难中之难、危中之危、痛中之痛。

煤炭作为我国长期依赖的第一能源,在国民经济发展和工业化、城市化进程中发挥了巨大的作用;与此同时,煤炭行业作为我国工业战线各个行业中安全生产危险程度最高的一个行业,在几十年的发展历程中生产安全事故易发、多发,伤亡人数巨大,财产损失巨大,社会影响巨大,牵涉从国家、地方到企业各级领导者的时间和精力巨大,应当引起全社会的认真反思。

新中国成立以来,煤炭供应在大部分年份都是制约国民经济发展的"瓶颈",从 1949 年到 20 世纪 80 年代,煤炭工业总体上就是在供不应求的大背景下组织生产和建设的。由此,也使我国煤炭行业长期以来形成了一套以产量为中心、围绕完成国家指令和计划的生产运行机制。这样,安全生产、环境保护等工作相对而言就处于从属和次要的地位。

1980 年,国务院确定,在相当长的时期内能源部门要把开发煤炭和水电放在优先地位,今后一段时间内,国民经济发展所需能源主要靠煤炭来保证。1984 年提出以电力为中心发展能源工业,1988 年进一步明确"发展能源工业要以电力为中心,以煤炭为基础"。据此,为应对经济高速发展导致的煤炭供不应求、同时国家对煤炭行业投资困难的局面,对煤炭行业实施了"有水快流"和"六个一起上"(即大中小煤矿一起上和国家、集体、个人一起上)的政策,促进了地方煤矿的大发展。

然而,这一政策的制定实施也带来了多方面的长期的负面影响,其中最明显的就是安全生产形势严峻。

为了扭转地方煤矿安全生产恶性事故特别是群死群伤事故频发的局面，1987年5月10日，国家经委、国家计委、煤炭工业部等部门在北京召开全国地方煤矿安全生产工作会议。国务院副总理李鹏在会上指出，党的十一届三中全会以来，党中央和国务院在煤炭工业发展方针这个问题上作了一项重大的决策，就是提出了大家办煤矿这样一个思想，具体说就是“大、中、小煤矿一起搞”，“国家、集体、个人一起上”的方针。这个方针调动了各地、各级、各行业办煤矿的积极性，全国地方煤矿出现了新中国成立以来大发展的新局面。现在我国国民经济能源持续稳定地发展，这几年能够保持一个比较高的增长速度，这同煤炭工业取得的成绩是分不开的。

对乡镇和个体煤矿生产安全事故不断、形势严峻的状况，李鹏给予了严厉批评。他指出，乡镇工业和个体煤矿事故多，而且恶性事故不断发生，瓦斯爆炸、透水、群伤群亡，有时发生一个爆炸事故伤亡几十人，骇人听闻。现在有这样一个混乱的状况，在大矿下面开小矿，相当普遍，这对大矿是个很大的威胁。有的集体、个体煤矿只考虑多生产、多出煤、多挣钱，不考虑工人和农民的健康，挣了钱就分光吃净，也不进行技术改造、增添安全设施。有的煤矿很不像话，没有任何劳动保障，煤矿工人的劳动、生活条件非常差，这种情况不能容忍长期存在下去。

李鹏对地方政府加强地方煤矿的安全生产管理提出了明确要求。他指出，提到原则的高度，就是我们人民政府对人民生命财产安全采取什么态度的问题，要在安全上真正地解决一些问题。首先就是要端正经营管理思想，然后层层采取有效的措施，进行必要的整顿，使安全水平有所提高，死亡率下降，恶性事故少发生、不发生。有些安全情况，当然需要花钱，需要采取措施，有的是只要加强管理就可以解决的，对特别不像话的煤矿封它几个。以后要定一条规矩，将来如果再发生恶性事故，造成群伤群亡，各级地方政府不负责任哪还行?！各级主管部门不负责任哪还行?！那就要追究责任。我们是人民政府，要对人民负责，我们人民政府要关心人民的疾苦，更不用说他们的生命财产。

这次会议虽然对地方煤矿和乡镇煤矿加强安全生产工作提出了明确要求，此后各地也采取相应措施强化安全管理，但是我国地方及乡镇煤矿安全生产严峻的局面并没有从根本上得到改善，致使乡镇集体煤矿成为煤炭行业生产安全事故的重灾区，不仅使整个煤炭工业的安全生产状况在我国工业生产各个行业中最为严峻，而且使中国煤炭工业安全生产状况在世界各产煤国中也处于最差的行列中。

1993 年 10 月，国务院研究室工交组完成的中国能源工业 20 世纪 90 年代改革与发展的系列报告，以《90 年代中国能源工业发展走势》为题，由石油工业出版社出版，其中《煤炭工业研究报告》指出："在统配煤矿区内开采的 8271 个小煤窑没有资源保证，只有滥采乱掘国家已经规划设计好的矿区资源，并造成统配煤矿透水、瓦斯爆炸等重大事故的增加，直接威胁到统配煤矿的安全和生产经营。现在，煤炭开采实行了'国家、集体、个人一起上'，'有水快流'的政策，但却淡化了行业管理。统配煤炭企业理应严格按照国家有关技术法规和安全规程设计、施工，但乡镇煤矿以及其他所有制的煤矿，现在没有哪个部门按照技术规程、安全规程等有关规定审查其开采技术人员、开采技术方案、设备、安全的可靠性，这些煤矿的违章作业，百万吨死亡率长期居高不下，给国家和人民带来的损失往往是惨重的，甚至发生一次死亡百人以上的瓦斯爆炸事故，触目惊心。"

《煤炭工业研究报告》所指出的地方煤矿和乡镇煤矿的安全问题包括两个方面，第一个是自身安全基础薄弱和违章作业引发生产安全事故，第二个就是由于滥采乱掘国有煤矿的资源而威胁到国有煤矿的安全生产。无论哪个方面，其后果都是十分严重的。

乡镇集体煤矿的安全生产状况有多么严峻，以下数据就可以说明：

1980 年，乡镇集体煤矿产煤 10486 万吨，占全国煤炭总产量62013万吨的 17%，死亡 1769 人，占全国 5067 人的 35%；

1990 年，乡镇集体煤矿产煤 37768 万吨，占全国煤炭总产量 105766 万吨的 35.7%，死亡 4831 人，占全国 6515 人的 74%；

2000 年，乡镇集体煤矿产煤 31993 万吨，占全国煤炭总产量 99917万吨的 32%，死亡 4024 人，占全国 5798 人的 69.4%；

2005 年，乡镇集体煤矿产煤 83552 万吨，占全国煤炭总产量 215132 万吨的 39%，死亡 4384 人，占全国 5938 人的 74%。

通过以上数据，可以清楚地看出乡镇集体煤矿生产安全事故危害之烈。

小煤矿安全生产水平之低、情况之严重，全国人大常委会副委员长李铁映 2005 年 8 月 25 日在第十届全国人民代表大会常务委员会第 17 次会议上，关于检查《中华人民共和国安全生产法》（简称《安全生产法》）实施情况的报告中有专门论述。他指出，小煤矿成为事故多发的重灾区。据安全监管总局统计，2004 年底全国有小煤矿 23388 处，占煤矿总数的 90%以上，平均每处年产量不足 3 万吨。小煤矿煤炭产量约占全国总产量的 1/3，死亡人数却占到了 2/3 以上。4 月中旬以来，全国 23 起特大事故，都发生在小煤矿。不少小矿主根本不懂法，不守法，甚至无视法律，公然抗拒执法，撕毁封条，违法生产，草菅人命，“采带血的煤，赚带血的钱”。据煤矿安监局统计，今年 7 月以来，全国煤矿发生的 51 起重、特大事故中，有 31 起发生在已被责令关闭或停产整顿、但仍然违法生产的小煤矿。

多年来，煤矿事故每年发生起数占全国工矿商贸企业事故总量的 1/5 至 1/4，死亡人数占全国工矿商贸企业事故死亡人数的 1/4 至 1/2，在“十一五”期间才有了一定下降。

按照《生产安全事故报告和调查处理条例》的规定，造成 30 人以上死亡的生产安全事故称为特别重大事故，对于其他如造成 100 人以上死亡的生产安全事故没有再专门命名。对造成 100 人以上死亡的生产安全事故，笔者称之为超大事故。

从新中国成立截止到 2007 年，共发生死亡 100 人以上的超大事故几十起，其中煤炭行业共发生22起。

(1)1950年2月27日，河南省新豫煤矿公司宜洛煤矿瓦斯爆炸，死亡174人。

(2)1954年12月6日，内蒙古自治区包头市大发煤矿瓦斯爆炸，死亡104人。

(3)1960年5月9日，山西省大同市老白洞煤矿瓦斯爆炸，死亡684人。

(4)1960年11月28日，河南省平顶山市五庙煤矿瓦斯爆炸，死亡187人。

(5)1960年12月15日，四川省重庆市中梁山煤矿瓦斯爆炸，死亡124人。

(6)1961年3月16日，辽宁省抚顺市胜利煤矿火灾事故，死亡110人。

(7)1968年10月24日，山东省新汶矿务局华丰煤矿煤尘爆炸，死亡108人。

(8)1969年4月3日，山东省新汶市潘西煤矿煤尘爆炸，死亡115人。

(9)1975年5月11日，陕西省铜川市焦坪煤矿瓦斯爆炸，死亡101人。

(10)1977年2月24日，江西省丰城矿务局坪湖煤矿爆炸，死亡114人。

(11)1981年12月24日，河南省平顶山煤矿五矿瓦斯爆炸，死亡134人。

(12)1983年7月31日，河南省平顶山矿务局高庄矿井下火灾，死亡112人。

(13)2000年9月27日，贵州省水城矿务局木冲沟矿瓦斯爆炸，死亡162人。

(14)2002年6月20日，黑龙江省鸡西矿务局城子河煤矿瓦斯爆炸，死亡115人。

(15)2004年10月22日，河南省郑州煤炭工业公司大平煤矿瓦斯爆炸，死亡148人。

(16)2004年11月28日，陕西省铜川矿务局陈永山煤矿瓦斯爆炸，死亡166人。

(17)2005年2月14日，辽宁省阜新市孙家湾煤矿瓦斯爆炸，死亡214人。

(18)2005年8月7日，广东省梅州市大兴煤矿透水事故，死亡123人。

(19)2005年11月27日，黑龙江省龙煤集团七台河分公司东风爆炸井下爆炸，死亡171人。

(20)2005年12月7日，河北省唐山市刘官屯煤矿煤尘爆炸，死亡108人。

(21)2007年8月17日，山东省新泰华源煤矿灌水事故，死亡172人。

(22)2007年12月5日，山西省临汾市瑞之源煤业有限公司井下瓦斯爆炸，死亡105人。

由于煤炭行业事故多、死亡人数多，造成我国煤矿的百万吨死亡率居高不下，同世界其他产煤国相比处于最差的行列之中。

1980年到2000年，我国煤矿平均每年死亡6027人，是俄罗斯的26倍、印度的36倍、美国和南非的88倍；同一时期我国煤矿百万吨死亡率平均为6.33，是印度的7倍、俄罗斯的8倍、南非的15倍、美国的78倍。2005年，我国生产煤炭21.6亿吨，占全球的37%，而我国煤炭行业事故死亡人数则占近80%。如此严峻的安全生产形势，不仅严重威胁着广大劳动者的生命安全和健康，也直接影响到社会主义中国的国际形象。

煤炭行业生产安全事故持续增长、重特大事故连续发生，安全生产状况急剧恶化，在社会上引起强烈反响和不满，党中央国务院高度关注，随后制定了一系列政策措施，经过多方共同努力，我国煤矿安全生产状况如今有了很大好转。

2005 年 9 月 3 日，国务院发布《关于预防煤矿生产安全事故的特别规定》。

2005 年 12 月 21 日，国务院 116 次常务会议专门研究安全生产问题，强调安全生产工作要坚持标本兼治、重在治本，明确了 12 项治本之策，其中第 3 条就是“增加安全投入，扶持重点煤矿治理瓦斯等重大隐患”。

2006 年 5 月 29 日，国务院安全生产委员会办公室印发《关于制定煤矿整顿关闭工作三年规划的指导意见》，提出用 3 年时间基本解决小煤矿发展过程中存在的数量多、规模小、办矿水平和安全保障能力低、破坏和浪费资源严重、事故多发等突出问题，实现煤矿安全生产状况的稳定好转。

我国煤矿安全生产水平的高低，安全生产形势的好坏，用一个安全指标就能够真实、直观地反映出来——百万吨煤死亡率，1981—2016 年我国煤炭百万吨死亡率见表 1.1。

表 1.1　1981—2016 年中国煤炭百万吨死亡率表

年度	百万吨死亡率	年度	百万吨死亡率	年度	百万吨死亡率	年度	百万吨死亡率
1981	8.17	1990	6.66	1999	6.08	2008	1.18
1982	7.21	1991	5.78	2000	5.77	2009	0.892
1983	7.6	1992	5.43	2001	5.07	2010	0.749
1984	7.22	1993	5.78	2002	4.64	2011	0.564
1985	7.63	1994	5.15	2003	3.71	2012	0.347
1986	7.53	1995	4.89	2004	3.08	2013	0.288
1987	7.43	1996	4.55	2005	2.81	2014	0.255
1988	6.7	1997	4.47	2006	2.04	2015	0.162
1989	7.07	1998	5.04	2007	1.49	2016	0.156

从表1.1可以看出，从1981年到1999年，我国煤矿百万吨死亡率从8.17降至6.08，总体上呈下降趋势，但仍有起伏；而从1999年到2016年则呈明显下降趋势，2009年首次降到1以下，说明我国煤炭行业和企业的安全生产水平在稳步提升，同外国煤炭行业安全生产之间的差距正在日益缩小；然而，我国煤炭行业安全生产水平同世界先进国家相比，差距仍然很大。

2004年1月9日，国务院印发《国务院关于进一步加强安全生产工作的决定》，明确了我国在2007年、2010年、2020年分阶段安全生产工作的奋斗目标，指出："力争到2020年，我国安全生产状况实现根本性好转，亿元国内生产总值死亡率、十万人死亡率等指标达到或者接近世界中等发达国家水平。"

当前，我国安全生产水平较低，处于生产安全事故易发多发的高峰期，事故总量较大，使我国经济社会在发展的同时也付出了很大的生命代价，这是不能容忍的。

我国经济社会发展所付出的生命代价，从表1.2就可以看出。

表1.2 2000—2015年我国亿元GDP死亡率一览表

年度	国内生产总值(GDP)	死亡人数	亿元GDP死亡率
2000年	99214亿元	118198人	1.190
2001年	109655亿元	130491人	1.190
2002年	120332亿元	138965人	1.150
2003年	135822亿元	136340人	1.000
2004年	159878亿元	136025人	0.850
2005年	184937亿元	127089人	0.680
2006年	216314亿元	112822人	0.610
2007年	265810亿元	101480人	0.380
2008年	314045亿元	91172人	0.290
2009年	340902亿元	83200人	0.240

续表

年度	国内生产总值(GDP)	死亡人数	亿元 GDP 死亡率
2010 年	401512 亿元	79552 人	0.200
2011 年	473104 亿元	75572 人	0.160
2012 年	519470 亿元	71983 人	0.140
2013 年	568845 亿元	69453 人	0.120
2014 年	636463 亿元	68076 人	0.100
2015 年	676708 亿元	66182 人	0.097

从 2000—2015 年我国亿元 GDP 死亡率一览表可以看出，我国每年创造的国内生产总值所付出的生命代价:“十五”“十一五”和“十二五”期间，也就是 2001—2015 年的 15 年间，我国共发生事故 8439115 起、死亡 1488402 人，平均每年发生事故 562607 起、死亡 99227 人，平均每天发生事故 1541 起、死亡 272 人。2000 年每创造 1 亿元国内生产总值要死亡 1.19 人，2005 年为 0.68 人，2010 年为 0.2 人，2015 年为 0.097 人。这就是我国安全工作没抓好导致的事故给人民群众生命安全造成的重大危害。

从 2002 年以来我国每年事故死亡人数在逐年下降，从 2000 年以来我国亿元 GDP 死亡率在逐年下降，反映出我国安全生产水平在提高，反映出我国每年创造的国内生产总值所付出的生命代价在减小，但这毕竟是最宝贵的人的生命的代价，这种代价再小都很惨重!正如胡锦涛同志所强调的:人的生命是最宝贵的，我国是社会主义国家，我们的发展不能以牺牲人的生命为代价。

管子、墨子早在 2000 多年前就已鲜明地提出“以人为本”和“重民、爱民、利民”的思想并积极践行，作为人民当家做主的社会主义新中国，更应当珍惜和爱护广大劳动者的生命安全和身体健康，将以人为本的理念贯彻落实到经济社会发展的每一项事业和工作当中，尽最大努力减少经济社会发展中的人员伤亡，使社会主义现代化建设事业走上一条低生命代价发展之路。

第二节　促进经济社会低财富代价发展

社会主义的本质，是解放生产力，发展生产力，消灭剥削，消除两极分化，最终达到共同富裕。解放生产力，发展生产力，就是要大幅度提高社会生产力，以便更快、更好地增加社会财富；而最终达到共同富裕，也离不开充足的社会财富。因此，按照社会主义本质的规定，建设社会主义就必须拥有丰富的物质财富，这本身就已经提出了经济社会发展必须走一条低财富代价发展之路。

邓小平同志强调"发展是硬道理"，对发展生产力、体现社会主义制度的优越性有过许多重要论述。1978 年 9 月 16 日，邓小平指出："我们是社会主义国家，社会主义制度优越性的根本表现，就是能够允许社会生产力以旧社会所没有的速度迅速发展，使人民不断增长的物质文化生活需要能够逐步得到满足。"1979 年 11 月 26 日，他指出："我们相信社会主义比资本主义的制度优越。它的优越性应该表现在比资本主义有更好的条件发展社会生产力。"1980 年 1 月 16 日，他指出："我们一定要、也一定能拿今后的大量事实来证明，社会主义制度优于资本主义制度。这要表现在许多方面，但首先要表现在经济发展的速度和效果方面。"（中共中央文献编辑委员会，1994）

正如邓小平同志所说，社会主义制度比资本主义制度优越，首先就表现在社会主义拥有更好的条件发展社会生产力，表现在经济发展的速度和效果方面。社会主义安全生产的作用，就是要为社会主义各项建设事业提供充分可靠的安全环境和安全保障，使社会主义现代化建设得以安全、平稳、有序地进行。

要使社会主义制度的优越性充分发挥出来，使经济发展的速度和效果充分展示出来，就必须尽最大努力控制和减少生产安全事故，因为各类事故不仅直接危害劳动者的生命安全和身体健康，还直接摧毁社会财富，其损失之大可谓触目惊心，这一点无论是对于社会主义国家还是资本主义国家都是一样的。

生产安全事故给人类社会造成巨大灾害，既损害人的生命健康，又摧毁社会财富，它所造成的物质财富的损失究竟有多大呢？

事故造成的经济损失，可以用不同的方法来计算和衡量，一种是国际上通行的评估方法，如海因里希估算法；一种是中国国家标准《企业职工伤亡事故经济损失统计标准》(GB 6721—1986)。无论用哪种方法测算，事故经济损失都是一个巨额数字。

1999 年 4 月 11 日至 16 日，由联合国国际劳工组织、国际社会保障协会举办的第 15 届世界职业安全健康大会在巴西圣保罗市召开。国际劳工组织指出：全世界因职业伤亡事故和职业病造成的经济损失迅速增加，每年有接近 2.5 亿工人在生产过程中受到伤害，有 1.6 亿工人患职业病。每年发生工伤死亡人数为 110 万人，超过道路年平均死亡人数(99.9 万)、由于战争造成的死亡人数(50.2 万)、暴力死亡人数(56.3 万)和艾滋病死亡人数(31.2 万)。在 110 万工伤死亡人数中，有接近 1/4 的人是由于工作在暴露危险物质的工作场所引发的职业病而死亡。

大会指出，全世界因职业伤亡事故和职业病造成的经济损失迅速增加。赔偿金额的数据显示，由于工伤致残和患职业病丧失劳动能力造成的经济损失、职业病治疗花费的医药费和丧失劳动能力的抚恤费用的总和，已经超过了全世界平均国内生产总值的 4%。由于职业伤亡事故和职业病所造成的经济损失，已经超过了相当于整个非洲国家、阿拉伯国家和南亚国家国内生产总值的总和，同时，也超过了工业发达国家向发展中国家的政府援助资金的总和。

除了职业伤亡事故和职业病以外，道路交通事故对人类的损害也非常严重。

在 2004 年 4 月 7 日“世界健康日”到来之际，世界卫生组织发起以道路安全为主题的活动，并发表《防止道路交通伤害世界报告》指出，道路交通事故每年使 120 万人死亡、5000 万人伤残，世界各国如不立即采取措施确保道路安全，到 2020 年，道路事故造成的死亡人数将会增加 80%。《防止道路交通伤害世界报告》指出，道路事故还给社会造成巨大的经济损失，每年使世界各国损失 5180 亿美元，占全球各国国内生产总值的 1%～2%；在这 5180 亿美元中，低收入和中等收入的发展中国家为 650 亿美元，高于这些国家所获得的发展援助总和。

事故灾害给世界各国造成巨额经济损失，中国也不例外。2003 年，我国共发生各类伤亡事故 96 万起，死亡 13.6 万人，伤残 70 余万人，造成的直接经济损失超过 2500 亿元，大约相当于国内生产总值的 2%。

同时，我国道路交通事故易发、多发，万车死亡率一直较高，2002 年为 13.7，2006 年为 6.2，而当年美国万车死亡率为 1.77，日本为 0.77。根据世界卫生组织 2004 年 10 月发布的交通事故死亡报告，中国汽车总量仅占全球汽车总量的 1.9%，但是中国因交通事故死亡的人数占世界交通事故死亡人数的比重却高达 15%，世界卫生组织和世界银行由此将中国的公路称为“世界上最危险的公路”。这些交通事故在导致几十万、上百万人员伤亡的同时，又造成了大量财富的损失。

随着经济连续多年快速发展，社会财富和城市居民物质财富的持续增加，火灾已经成为我国城市中居于首位的灾害因素。当前城市火灾已经呈现出致灾因素增加、隐患险情增加、火灾数量增加、扑救难度增加、火灾损失增加“五个增加”的明显特征，给人民群众生命财产造成巨大损失。

据统计，在 20 世纪 80 年代，全国火灾数量为 37.6 万起，死亡 2.36 万人，直接经济损失为 32 亿元；20 世纪 90 年代，全国火灾数量为 75.7 万起，死亡 2.37 万人，直接经济损失为 106 亿元；2000 年至 2009 年，全国火灾数量为 205 万起，死亡 2.08 万人，直接经济损失为 137 亿元。

水火无情，火灾给人民群众造成的生命损失和物质财富损失巨大，水灾所造成的损失同样巨大。

1975 年 8 月，在一场由台风引发的特大暴雨中，河南省驻马店地区板桥、石漫滩两座大型水库，竹沟、田岗两座中型水库，58 座小型水库在短短数小时相继垮坝溃决。在这次水灾中，河南省有 29 个县市、1700 万亩农田被淹，其中 1100 万亩农田遭受毁灭性的灾害，1100 万人受灾，超过 2.6 万人死亡，倒塌房屋 596 万间，冲走耕畜 30 万头、猪 72 万头，纵贯中国南北的京广线被冲毁 102 千米(即公里)，中断行车 18 天，影响运输 48 天，直接经济损失近百亿元。由一场特大暴雨引发整整一个水库群的大规模溃决，无论是垮坝水库的数量，还是蒙难者的人数，都远在全球同类事件之上。

关于生产安全事故对企业经济效益的破坏，2002 年 10 月 27 日《工人日报》专门刊登《煤矿事故侵噬企业经济效益》进行了探讨分析。文章指出，多年的实践经验证明，煤矿安全与企业经济效益息息相关，煤矿事故严重侵噬企业经济效益。煤矿生产安全事故频发及煤矿职工尘肺病的多发，不仅给煤矿职工及家属带来极大的痛苦，而且给企业、国家造成了巨大的直接经济损失和更多的间接经济损失，进而降低了煤炭企业的经济效益。煤矿每发生一起事故，都要付出数目非常可观的直接费用及间接费用，特别是发生瓦斯煤尘爆炸事故，还要造成工程设施和设备的破坏，直接和间接损失更大。据一些矿务局对事故的分析报告，每死亡 1 人，平均造成的直接经济损失不下 10 万元。瓦斯煤尘爆炸事故的损失更大，平均每死亡 1 人则高达 30 万元以上。据有关资料显示，近年来，煤矿每年的一般事故损失约 7.5 亿元，瓦斯爆炸事故损失约 7.5 亿元，共计 15 亿元左右。另外，全国煤矿由于粉尘造成的尘肺病每年每人医疗费和丧失劳动力所造成的损失达 1 万元以上。这就是说，煤矿每年因尘肺病还要损失 15 亿元以上，这两项合计达 30 亿元，约占国有重点煤矿每年销售收入的 5.5%。

由于科学技术的发展和机器在工业中的广泛应用，改变了工业的技术结构，使得机器大工业代替了工场手工业，使人类进入了工业化社会。运用机器进行生产，不仅是工业经济时代与以往任何时代的根本区别，也是人类发展史上的一次巨大变革，标志着人类生产力水平的巨大进步，标志着人类改造自然的自由度的巨大提升。

生产力水平越高、生产能力越强，单位时间内生产产品和创造财富越多，相应地也就使安全生产工作的责任越大。道理很简单，因为一旦发生事故，损失也就越大。因此，随着科技水平的提高和社会生产力的发展，安全生产在经济社会发展中所起的作用越来越大、所处的位置越来越重要，抓好安全生产就是保障社会生产力，就是保护社会财富。

抓好安全生产工作，就能够有效保护劳动产品和社会财富，并不限于工业生产领域，对于农业生产领域同样适用。特别是在我国城乡差距较大的情况下，农业人口的人均家庭财富远低于城镇人口的人均家庭财富，农民在农业生产劳动中因安全生产没抓好而遭受经济损失，将面临很大的经济压力；如果是贫困户在农业生产中因为不注意安全而遭到损失，其生产生活将更加困难。请看报道。

陇县一农民：随手扔个烟头　烧毁 13 亩小麦

本报讯（记者　马黎）　随手扔了个未捻灭的烟头，竟引燃了 23 户村民的 13.8 亩小麦。

6 月 14 日下午 5 时许，陇县城关镇营沟粮站后麦田突然起火，经过民警、消防官兵和当地村民共同努力，大火被及时扑灭，千亩良田得以幸免，但仍有 13.8 亩小麦被烧毁。

起火地点位于陇县的主要产粮基地，周围尚有未收割的千余亩连片麦田。火灾发生后，陇县 110 指挥中心及时指令消防大队、城关派出所派员赶赴现场救援，在全体参战民警、消防官兵和当地村民的共同努力下，经过一个多小时的奋力扑救，大火终于被扑灭。

陇县公安局城关派出所对火场周围群众逐一走访，最终查明城关镇营沟村村民张某在自己麦田拉运麦草时，随手将烟头扔在麦田里，引发了这起火灾。经公安机关调解，张某向遭受损失的村民赔偿了1.3万元损失。

原载2012年6月21日《陕西日报》

无论是单个的人还是整个人类，都在追求生存、发展、进步，都在追求更高的文明程度，而所有的这一切都离不开一个基本的前提，就是衣食住行的物质条件。追求生存、发展、进步，当然需要创造和拥有更多、更好的财富和条件，而这就必须正确认识安全的巨大作用。

1996年以前，我国属于低收入国家，1999年巩固地进入下中等收入国家行列，2010年进入上中等收入国家行列。1990年、1995年、2000年、2005年、2010年和2016年，我国人均国民总收入分别相当于对应年份高收入门槛值的4.3%、5.8%、10.1%、16.4%、35.4%和67.5%。可以看出，我国人均国民总收入向高收入门槛值的收敛速度几乎是指数式的，这也为我国在今后几年进入高收入国家奠定了坚实基础。而要顺利实现这一目标，抓好社会主义安全生产，维护财富、保护财富，是必不可少的。

抓好安全生产、努力实现经济社会低财富代价发展，是整个人类的共同愿望，也直接关系到每一个人的根本利益。社会主义制度比资本主义制度更优越，应当也必然体现在社会主义安全生产上面，体现在社会主义社会的发展进步之路必然是一条低财富代价发展之路。

第三节　促进经济社会低资源代价发展

人类的发展进步，经济的发展，财富的增加，民生的改善，所有这些都离不开资源。对于整个人类来说，自然资源的作用和价值举足轻重，无可替代。因此，人们应当珍惜和爱护各种自然资源，特别是在资源日益短缺的今天更应如此。抓好社会主义安全生产，一个十分重要的目的就是促进经济社会低资源代价发展。

马克思、恩格斯一再强调，劳动是价值的唯一源泉，但并不是财富的唯一源泉。马克思指出："上衣、麻布等等使用价值，简言之，种种商品体，是自然物质和劳动这两种要素的结合。如果把上衣、麻布等包含的各种不同的有用劳动的总和除外，总还剩有一种不借人力而天然存在的物质基质。人在生产中只能像自然本身那样发挥作用，就是说，只能改变物质的形态。不仅如此，他在改变形态的劳动中还要经常地依靠自然力的帮助。因此，劳动并不是它所生产的使用价值即物质财富的唯一源泉。正像威廉·配第所说，劳动是财富之父，土地是财富之母。"（中共中央编译局，1975a）

恩格斯在《自然辩证法》中指出："政治经济学家说：劳动是一切财富的源泉。其实劳动和自然界在一起才是一切财富的源泉，自然界为劳动提供材料，劳动把材料变为财富。"（中共中央编译局，1972a）

正所谓"巧妇难为无米之炊"。人们进行生产劳动，哪怕劳动者的技术水平再高，机器设备再先进再发达，但是如果没有劳动对象——也就是自然界为我们提供的原材料，那又能产出什么产品呢？又假设各种原材料比如木材、原油等已经运抵生产现场，但是发生了生产安全事故使之毁于一旦，仍然无法进行生产加工，仍然生产不出产品。安全保障劳动对象的完好，就是保护生产力，这是十分明显的道理。

自然界是人类生存和发展的基础。人类活动离不开自然，从一定意义上讲，人类的生存和发展是自然演进的重要组成部分。正如恩格斯所说："我们连同我们的肉、血和头脑都是属于自然界和存在自然界之中的。"（中共中央编译局，1995）马克思也明确指出："人直接地是自然存在物。"（中共中央编译局，1979）构成人的肉体组织的元素，就是自然界中大量存在的物质元素，如碳、氢、氧、钙、钠、磷等。

人的肉体组织的活动要消耗能量，所消耗的主要是生物能，这同其他动物消耗的是一样的。

仅从生存的角度上讲，人类就已经离不开自然界的食物及取暖物品等；再从发展的角度讲，人类更离不开能源和资源了，没有各种物质和材料，人类一天也存活不了。而在人类的生产过程中，抓好安全生产工作，保障这些来自自然界的物质和材料的安全，就是保障劳动对象的安全、完好，就是保障生产力。

自然资源的范围十分广泛，一般将它分为气候资源、水资源、土地资源、野生动物资源和矿物质资源等几大类。

除了自然资源以外，还有一种对人类发展和个人成长都具有重大战略意义的资源，就是时间，而且时间资源还有一种自然资源所不具备的特性，就是无可挽回性，时间一旦流失，就永远无法挽回。

抓好社会主义安全生产，促进经济社会低资源代价发展，既包括所消耗的自然资源代价低，也包括所花费的时间资源代价低，这正是抓好安全生产的重大社会价值和意义——一旦发生事故，往往既要浪费大量的自然资源，同时也要浪费大量的时间资源，这样的双重浪费，其损失和危害是金钱无法衡量的，而时间资源的浪费还很容易被人们忽视，这实在是一种短视。

社会主义经济制度将社会的利益、人的利益放在优先的地位，珍惜各种资源、高效利用资源是这一制度的必然要求，这不仅体现在资源的开发、利用和节约等各个环节，同时也要求抓好安全生产工作，不能使自然资源因为人为的过错而白白损耗。关于事故对资源的浪费和破坏，通过实际事故案例的剖析就会清楚地展现出来。

【案例 1】1987 年 5 月 6 日，大兴安岭地区发生特大森林火灾，到 6 月 2 日大火被扑灭，这场大火给国家和人民的生命财产造成了重大损失，也使宝贵的资源（包括自然资源、人力资源和时间资源）受到巨大浪费，是新中国成立以来最严重的一次。

这场特大森林火灾所破坏的各种资源究竟有多少呢？1987 年 6

月16日，国务院秘书长陈俊生在第六届全国人民代表大会常务委员会第二十一次会议上作了《关于大兴安岭特大森林火灾事故和处理情况的汇报》，指出，这场森林大火是建国*以来毁林面积最大、伤亡人员最多、损失最为惨重的一次。据统计，直接损失为：过火面积101万公顷，其中有林面积70万公顷。烧毁贮木场存材85万立方米；各种设备2488台，其中汽车、拖拉机等大型设备617台；桥涵67座，总长1340米；铁路专用线9.2千米；通讯线路483千米；输变电线路248千米；粮食325万千克（即公斤）；房屋61.4万平方米，其中民房40万平方米。受灾群众10807户，56092人。死亡193人，受伤226人。森林资源的损失以及扑火人力、物力、财力的耗费，停工停产的影响，还没有计算出来。至于这场大火给周围生态环境带来的危害，更不是用金钱能够计算出来的。

从以上汇报可以看出，大兴安岭特大森林火灾所造成的资源破坏和浪费，主要包括以下几个方面，一是人力资源，死亡193人，受伤226人；二是自然资源，过火面积101万公顷，其中有林面积70万公顷，烧毁储木场存材85万立方米；三是社会财富，包括汽车、拖拉机等各种设备、桥涵、铁路、电线、粮食、房屋等；四是时间资源，包括解放军、专业力量、职工群众，以及铁路、气象、邮电、地矿、民政、公安等部门的人员，全国相关省区市及有关部门的人员，以及许多国家和国际组织人士，他们为这场大火早日扑灭所花费的时间，全部加起来，就是一个天文数字。

一场森林火灾给经济社会发展所造成的资源浪费，就是这么巨大！

【案例2】1989年8月12日，山东省青岛市黄岛油库发生特大火灾爆炸事故，19人死亡，100多人受伤，直接经济损失3540万元。事故的直接原因是非金属油罐本身存在缺陷，遭受雷击后，产生的感

---

* 指新中国成立。

应火花引爆油气。大火殃及附近的青岛化工进出口黄岛分公司、航务二公司四处、黄岛商检局、管道局仓库和建港指挥部仓库等单位。当天18时左右，部分外溢原油沿着地面管沟和低洼路面流入胶州湾，大约600吨油水在胶州湾海面形成几条十几海里长、几百米宽的污染带，造成了胶州湾有史以来最严重的海洋污染。

火灾发生后，青岛市全力以赴投入灭火战斗，组织党政军民1万余人进行抢险救灾；山东省各地市、胜利油田、齐鲁石化公司的公安消防部门，青岛市公安消防支队，以及部分企业消防队，共出动消防干警1000多人，消防车147辆；黄岛区组织了几千人的抢险突击队，并出动各种船只10艘；北海舰队派出消防救生船和水上飞机、直升机参与灭火和抢救伤员；在国务院统一组织下，全国各地紧急调运了153吨泡沫灭火液及干粉用于灭火。经过连续几天几夜的奋战，8月16日18时，油区内所有残火、暗火全部熄灭，大火被扑灭。

这次火灾事故的损失，仅从浪费能源资源的角度讲，就包括燃烧和泄漏的原油，毁坏的油区储罐及相关设施，殃及的其他相关单位，消防车、船只舰艇、水上飞机和直升机消耗的油品，以及从全国各地运送153吨泡沫灭火液及干粉所消耗的油品，等等。假如没有发生这次事故，所有这些能源资源都能节省下来。

无论是生产上的事故，还是生活中的事故，其对资源的破坏和浪费都是巨大的，黑龙江省哈尔滨市1988年发生的城市大火就是一个典型例子。

【案例3】1988年4月17日下午，哈尔滨市突然刮起了罕见的大风，风力8级，短时阵风达到11级。15时许，一户居民房屋的板棚因为火炕温度过高而燃起大火，在8级大风的助推下，火势迅速向周围蔓延。由于这一片住宅院落紧密相连，而且家家户户都堆积着许多木材等易燃物品，导致大火一着起来就不可收拾，仅仅十几分钟时间，几万平方米的区域内已经是一片火海，到处是熊熊烈火和滚滚浓烟。

为了扑灭这场大火，哈尔滨市出动了 126 辆各类车辆，7000 人参加灭火，到第二天凌晨终于将火扑灭。火势波及 5 条街，过火面积 8.8 万平方米，哈尔滨市城建局木材加工厂等 15 个企业和单位、215 栋居民房屋被烧毁，建筑面积达 3.3 万多平方米，受灾居民 758 户、2856 人，烧死 8 人，摔死 1 人，烧伤 137 人（其中包括消防战士 37 人），直接经济损失约 780 万元。

事故摧毁的不仅仅是物质资源，还包括许多无比珍贵的历史文化资源，这些资源同其他物质资源最大的不同就在于一旦失去或损坏，就永远无法恢复，是一种永久性的毁坏。

【案例 4】1988 年 2 月 14 日晚，苏联列宁格勒苏联科学院图书馆报纸典藏部门的电线发生短路，引起一场大火，由于图书馆内火灾自动报警系统失灵，人们没有立即发现火情；同时由于工作人员的玩忽职守和对消防工作的忽视，致使大火一直燃烧了两个多小时仍然没有被觉察，直到火势蔓延到了相邻部门，才得以报警，但是早已耽误了灭火良机。19 个小时后，在消防人员的奋勇扑救下，大火终于被扑灭，但这时图书馆已经是一片狼藉，损失惨重。

列宁格勒苏联科学院图书馆创建于 1714 年，收藏的图书种类包罗万象，特别是关于自然科学的各类出版物，简直应有尽有，从 1728 年起，收藏图书的种类更加完备，本国的出版物几乎无一遗漏。此外，图书馆抄本部还保存有一万多件古代俄罗斯珍贵的手稿，18 世纪的俄文杂志书籍的收藏在国内外更是首屈一指。长期以来，这座图书馆以其丰富而珍贵的馆藏而成为苏联人民的自豪和骄傲。

然而，由于这场大火，馆藏的 1200 万册图书中有 40 万册被烧毁，各种珍贵报刊资料有 1/4 被烧毁，其中包括许多世界上仅存的孤本。这样一场火灾，致使无数珍贵的文献资料化为灰烬。事后，联合国教科文组织专门邀请有关专家前往列宁格勒进行抢救和修复，但亡羊补牢为时已晚，那些已经被毁坏的珍贵历史文化资源已经永远消失了。

博物馆是征集、典藏、陈列和研究代表自然和人类文化遗产的实物的场所，并对那些有科学性、历史性或者艺术价值的物品进行分类，为广大社会公众提供知识、教育和欣赏。如果博物馆发生事故，馆藏物品遭到损坏，将是人类文明的重大损失。请看报道。

巴西国博大火　两百年珍藏恐损毁

新华社里约热内卢9月2日电(记者　赵焱　陈威华)　位于里约热内卢市北区、拥有2000万件藏品的巴西国家博物馆2日晚发生火灾，由于火势难以控制，所有藏品恐已被烧毁。

火灾发生在当地时间19:30(北京时间3日6:30)左右，起火原因还在调查中。起火时，博物馆已经闭馆，馆内4名安保人员都及时逃出，没有人员伤亡。

消防部门和军警等都在现场救援，多名专家也在现场帮助消防人员确认重要文物的位置。但博物馆新闻秘书处说，火势始终无法控制，藏品恐怕都已被烧毁。整个建筑也有倒塌的危险。

这座3层建筑物曾是葡萄牙和巴西王室在巴西的官方宅邸，今年6月刚刚庆祝建馆200周年。

巴西总统特梅尔当晚发表声明说，国家博物馆藏品被烧毁对巴西来说是不可估量的损失，200年的研究和知识就这样失去了。帝国时代王室居住的建筑遭受损失，国家历史遭受的损失更是无法计算。这对所有巴西人来说都是“悲伤的一天”。

巴西国家博物馆目前由里约联邦大学管理，除作为科研机构外，还是自然历史博物馆，同时展出王室的一些生活物品，馆内2000万件藏品展现了从1500年葡萄牙人发现巴西一直到巴西成立共和国的历史。

新华社2018年9月2日播发

生产安全事故直接毁坏和浪费的不仅仅是有形资源，还包括无形资源，也就是时间，其损耗的时间总量之巨大，令人触目惊心，但这一点至今还没有被人们普遍重视，因此时间的损失也没有被纳入事故经济损失范围之内，这实在是一个重大的失策。

世界上任何事业的发展、任何个人的成长都离不开时间，时间就是生命、时间就是效率、时间就是财富，早已成为生活常理。正是时间的唯一性——时不再来、时不我待，决定了时间的珍贵性。因此，珍惜时间就等于珍惜生命、珍惜财富，反之，浪费时间就等于浪费生命、浪费财富。

马克思指出："机器是提高劳动生产率，即缩短生产商品的必要劳动时间的最有力的手段。"(中共中央编译局，1975b)

恩格斯指出，大工厂生产能够"用机器代替手工劳动并把劳动生产率增大千倍"。(中共中央编译局，1958a)

这两段话充分说明了时间在社会生产中的重要性，同时也说明了机器十分重要的一项功能——节约时间，提高劳动生产率。

由于科学技术的发展，人类认识自然和改造自然的能力不断增强，空间和时间在人类生存发展中的地位已经发生了巨大变化，总的趋势是空间不断"贬值"，但时间却在"升值"。

马克思认为，商品的价值是凝结在商品中的人类的劳动，商品的价值大小是由生产商品时所耗费的社会必要劳动时间决定的。在同类商品中，个别劳动时间如果低于社会必要劳动时间，个别生产者(企业)就可以比社会一般生产者(企业)获得更多的利润。所以马克思将一切节约归结于劳动时间的节约，将一切浪费归结于劳动时间的浪费。

时间是不可再生资源，它既不能储存，更不能逆转，因而是十分宝贵的。

推动社会全面进步，必须倍加珍惜和节约时间——无论是创造物质财富还是精神财富，都少不了时间，这也就离不开安全生产——

事故浪费大量时间，安全节省大量时间，对这个简单的事实，还没有引起应有的关注和重视。

马克思对节约时间十分重视，并将节约劳动时间等同于发展生产力。他指出："无论是个人，还是社会，其发展、需求和活动的全面性，都是由节约劳动时间来决定的。一切节省，归根到底都归结为时间的节省。"（中共中央编译局，1958b）"劳动生产力提高了，那么，劳动用较少的时间就可以生产出同样的使用价值。劳动生产力降低了，那么，为生产出同样的使用价值就需要更多的时间。"（马克思，1957）"真正的节约（经济）＝节约劳动时间＝发展生产力。"（马克思，1975）

正确认识时间，有效利用时间，对于我们的国家、我们的事业以及我们每一个人来说，都具有特殊的重要意义。

2000 年 3 月 11 日，中共中央政治局常委、全国政协主席李瑞环在全国政协第九届第三次会议闭幕会上指出："当今世界正在发生着人类有史以来最为迅速、广泛、深刻的变化。以信息技术为代表的科技革命突飞猛进，知识与技术更新周期大大缩短，科技成果以前所未有的规模与速度向现实生产力转化。经济全球化趋势加快，世界市场对各国经济的影响更加显著，国际竞争与合作进一步加深。思想观念不断更新，各种文化交流日益扩大，开放意识、竞争意识和效率意识明显增强。可以说，地球越来越小，发展越来越快，慢走一步，差之千里；耽误一时，落后多年。从当前世界发展的大局大势来审视我们自己，中国同过去比确有很大进步，但与发达国家比还有较大的差距，要赶上发达国家，任务十分艰巨。特别是，我们发展别人也在发展，而且是在更高的起点上发展。我们再不能丢失时间，时间对我们实在太紧迫了！"

时间如此宝贵，然而一旦发生生产安全事故，其对时间的占用和耗费不仅是巨大的，而且是长久的，而这方面的损失至今还没有得到社会各界的普遍重视，包括于 1987 年 5 月起实施的《企业职工伤亡事故经济损失统计标准》也没有考虑时间方面的损失。而从以下事故案例中，我们可以清晰地看到发生生产安全事故后，时间被大量占用的状况。

——1993年8月5日，广东省深圳市清水河危险化学品仓库发生特大爆炸火灾事故。为扑灭大火，广东省调动9个市各种消防车132辆、1100多名消防员投入灭火战斗，深圳市组织上千名消防、公安、武警、解放军战士以及医务人员参加抢险工作。在各方共同努力下，终于扑灭了这场大火。事故造成15人死亡，200多人受伤，直接经济损失2.5亿元。如果没有发生这场事故，投入抢险救灾的数千人的时间就可以节省下来创造大量财富。

——2004年2月15日，重庆市天原化工总厂发生氯气泄漏，16日又发生爆炸，大量氯气向四周扩散。事故发生后，重庆市立即疏散化工厂1千米范围内的15万名群众。18日18时30分，重庆市政府下达命令，被疏散的群众开始返家。且不说抢险人员为消除险情所花费的时间，只算一下15万名被转移群众因为这起事故牵连而被影响的时间，就是一个天文数字。

——2008年11月12日凌晨，京珠高速公路耒阳段被浓雾笼罩，能见度很低。7时许，一辆大货车侧翻，横卧在高速公路路面，短短几分钟时间，后续车辆由于躲避不及，30多辆车相继发生碰撞，致使京珠高速公路由南向北交通被迫中断。事故导致交通中断了5个小时，到中午12时才恢复正常，无数辆车中无数人的时间就因为这起交通事故而被白白浪费了。

以上这些事故发生后，所牵涉的人员还只是在局部范围内，还有一些重大事故发生后，影响的就不仅仅是局部范围而是一省甚至是全国范围，其耗费的时间更是一个天文数字，最突出的就是进行安全生产大检查，这在我国可以说是一个应对安全生产严峻形势的“万能武器”。

组织开展一定范围或某个特定领域的安全生产大检查，一般是在发生重特大事故或社会影响十分恶劣的事故之后，为了尽快扭转不利局面、消除负面影响而开展的，一般都会组织动员相当多的部门及人员，花费大量时间。

2000 年入夏以来，我国安全生产形势十分严峻，同类重大、特大事故连续发生，如 6 月 22 日四川省合江县发生特大沉船事故，死亡 130 人；武汉航空公司发生特大空难事故，死亡 49 人；6 月 30 日，广东省江门市烟花厂发生特大爆炸事故，死亡 38 人，重庆市垫江县爆竹厂发生爆炸事故，死亡 10 人。

2000 年 7 月 7 日，国务院办公厅印发《关于切实加强安全生产工作有关问题的紧急通知》，指出：这些事故给人民生命财产造成重大损失，在社会上造成了极其恶劣的影响。为保障人民生命财产安全，保障国民经济持续、快速、健康发展和社会稳定，根据国务院部署，立即开展一次安全生产大检查，对重要行业要进行清理整顿。自通知下发之日起，各地区、各部门、各单位要根据实际，立即开展一次全面、深入、彻底的安全生产大检查，要吸取以往安全生产大检查的教训，绝不能留死角，绝不能一查了之，并将检查结果于 7 月底前报国务院办公厅。主要负责同志要亲自组织领导这次安全生产大检查，真正达到查清事故隐患、落实整改措施的目的，对检查不到位、整改不力而造成重大、特大事故的，要依法从重从速处理。新闻媒体要积极配合这次安全生产大检查，在全国形成一个浩大的舆论声势。

通知明确要求，国家经贸委、公安部、国家工商局、国家质量技术监督局等部门，交通、铁路、民航、煤矿、建筑等行业主管部门以及其他相关部门要各司其职，各负其责，密切配合；地方各级人民政府有关部门也要积极配合，共同做好安全生产工作。

2010 年 1 月 1 日，陕西省渭南市蒲城县发生烟花爆竹爆炸事故，导致 9 人死亡、8 人受伤。1 月 7 日，陕西省政府召开全省安全生产大检查电视电话会议，要求举一反三，防止类似事故再次发生；认真开展全省安全生产大检查，抓好春节前后及“两会”期间安全生产工作。

2010年4月2日，国务院安全生产委员会发出通知，近期部分地区、行业（领域）接连发生多起重特大事故，给人民群众生命财产造成重大损失，也暴露出一些地区和企业安全责任不落实、安全管理不严格、隐患排查治理不认真和非法违法、违规违章现象严重等突出问题。为迅速扭转安全生产被动局面，经报国务院领导同志同意，国务院安委会决定，立即在全国开展安全生产大检查。

2012年8月28日，国务院安全生产委员会召开全国交通安全紧急电视电话会议，传达国务院重要指示精神，通报“8·26”陕西延安市境内包茂高速公路特别重大道路交通事故情况。会议强调，全国各地区、各部门和各单位要认真贯彻国务院领导同志重要指示精神和《国务院关于加强道路交通安全工作的意见》，坚持科学发展、安全发展，依法依规严肃事故查处，深刻吸取事故教训，强化交通运输企业主体责任和交通安全监管执法责任，严格抓好相关法规制度和措施落实，有效防范和遏制重特大交通事故发生，切实维护人民群众生命财产安全，为党的十八大胜利召开创造良好稳定的社会环境。

2012年11月15日以后，陕西省接连发生3起较大生产安全事故，特别是咸阳市兴平市在11月21日发生天然气采暖锅炉房爆炸事故，导致6人死亡，1人受伤。11月23日，陕西省安全生产委员会发出通知，要求迅速在全省开展燃气热力安全大检查，包括城市燃气热力、特种设备、燃气企业、住宅小区环境、城乡居民采暖设施等的安全检查。

从微观层面看，发生生产安全事故，导致人员伤亡、设备损坏，就要耗费大量时间去妥善处置。从宏观层面看，接连发生的重大、特大事故给人民生命财产安全造成重大损失，在社会上造成恶劣影响。为扭转这一局面，国家组织开展全国性的安全生产大检查，涉及国务院有关部门、相关行业企业以及全国各地，涉及无数人力、物力、财力，花费无数时间。如果没有发生这些事故，我国安全生产形势始终保持良好状态，这样一场声势浩大、涉及许多部门和全国各地无数人的安全大检查就可以少组织，这将节约多少人力和时间，将会多创造出多少社会财富啊！

美国著名管理学家彼得·德鲁克指出："不能管理时间，便什么都不能管理。"要管理好时间，就必须抓好安全生产工作，决不能让宝贵的时间资源白白浪费在事故上面。

资源的多少，反映了大自然赋予社会的自然财富的数量，但要将这些自然财富转化为社会财富，还必须通过社会生产。地球上现有的自然资源早已存在了亿万年之久，但是被大量地开发利用不过是工业革命以来的事，这就说明自然资源的开发利用的数量、范围和程度，始终是同知识、技能和资金紧密相连的，同时也是同社会生产方式紧密相连的。在社会化大生产条件下，自然资源的开发利用程度空前提高，各种资源的消耗速度是以往的几十倍、几百倍甚至更多，这一方面说明人类生产能力的大幅度提高，另一方面也说明资源在现代经济社会发展中的作用越来越大，地位越来越高，影响越来越广；这就同时给人类提出了一个重大而严肃的课题——怎样才能最大限度地保护和利用有限的资源，从而更好地造福人类？无疑，抓好安全生产工作就是一条十分现实和有效的途径，而对于社会主义国家而言，更是如此。

抓好社会主义安全生产工作，能够有效避免物质财富的毁坏和各种资源的浪费，这本身也是对自然资源和其他资源的最好珍惜和有效节约，这样就使经济社会发展走上一条低资源代价的发展新路。中国由于特殊的国情，在珍惜和节约资源、特别是通过抓好安全生产工作的方式来珍惜和节约资源上更应当高标准、严要求。

我国地域辽阔，资源总量较大、种类较全，但中国是世界第一人口大国，2018 年有 13.95 亿人，资源人均占有量少，资源禀赋总体不高，人均耕地、林地、草地面积和淡水资源仅相当于世界平均水平的 43%、14%、33%和 25%。主要矿产资源人均占有量占世界平均水平的比例分别是：煤为67%，石油为6%，铁矿石为50%，铜为25%，而且矿产资源品位低，贫矿多，难选冶矿多，土地资源中难利用地多、宜农地少，宜居面积仅占国土面积的20%。水土资源空间匹配性差，资源富集区多与生态脆弱区重叠，这些都是我国主要开发利用上的明显制约因素。

与此同时，我国能源利用效率也明显低于西方发达国家。能源效率是指每单位能源投入所带来的经济产出量，它衡量了能源作为一种生产要素对产出的支持程度。从根本上说能源效率是一个国家生产技术和管理水平的外在表现，能源效率的提高归根结底也是生产技术和管理水平提高的结果。根据世界银行的统计资料分析，按照实际汇率计算，2000年单位能源创造的GDP，中国只相当于工业发达国家的10%～20%。

2012年10月，国务院新闻办公室发布《中国的能源政策(2012)》白皮书，指出："能源是支撑人类文明进步的物质基础，是现代社会发展不可或缺的基本条件。在中国实现现代化和全体人民共同富裕的进程中，能源始终是一个重大战略问题。20世纪70年代末实行改革开放以来，中国的能源事业取得了长足发展。目前，中国已成为世界上最大的能源生产国，形成了煤炭、电力、石油天然气以及新能源和可再生能源全面发展的能源供应体系，能源普遍服务水平大幅提升，居民生活用能条件极大改善。能源的发展，为消除贫困、改善民生、保持经济长期平稳较快发展提供了有力保障。中国能源发展面临着诸多挑战。能源资源禀赋不高，煤炭、石油、天然气人均拥有量较低。能源消费总量近年来增长过快，保障能源供应压力增大。化石能源大规模开发利用，对生态环境造成一定程度的影响。为减少对能源资源的过度消耗，实现经济、社会、生态全面协调可持续发展，中国不断加大节能减排力度，努力提高能源利用效率，单位国内生产总值能源消耗逐年下降。中国将以科学发展观为指导，切实转变发展方式，着力建设资源节约型、环境友好型社会，依靠能源科技创新和体制创新，全面提升能源效率，大力发展新能源和可再生能源，推动化石能源的清洁高效开发利用，努力构建安全、稳定、经济、清洁的现代能源产业体系，为中国全面建设小康社会提供更加坚实的能源保障，为世界经济发展作出更大贡献。”

在各种自然资源中，能源是一种十分重要的资源。能源是人类社会存在与发展的基石，是经济发展和文明进步的基本条件，是国民经济、国家安全和可持续发展的重要保障。同时，能源还是提高人民生活水平的重要物质基础之一。一个国家或地区的人均能源消费量、人均优质能源消费量等指标是评价人民生活水平高低的重要指标。

多年来，由于能源技术装备水平低、管理水平落后，以及全社会节约意识不强，我国能源利用效率一直较低，导致经济社会发展过程中能源供应一直比较紧张，同时也使社会产品的能源成本加大，这直接反映在单位国内生产总值能耗这一指标上。部分国家 1980 年以来每一万美元国内生产总值能耗见表 1.3。

表 1.3 部分国家 1980 年以来每一万美元国内生产总值能耗

单位：吨标准油/万美元

	世界平均	中国	美国	英国	法国	德国	日本	印度
1980 年		20.80	6.10	3.53	2.67		2.87	
1990 年		18.30	3.42	2.20	2.42		1.34	
2000 年	1.56	2.50	1.75	1.15	1.19	1.11	1.27	1.66
2005 年	1.48	2.40	1.58	1.00	1.18	1.08	1.20	1.41
2010 年	1.37	1.96	1.45	0.89	1.10	0.98	1.13	1.26
2013 年	1.31	1.89	1.35	0.80	1.03	0.92	1.00	1.18

从上表可以看出，2000 年中国每一万美元国内生产总值能源消耗是 2.5 吨标准油，是世界 1.56 吨标准油的 1.6 倍，是英国 1.15 吨标准油的 2.17 倍，是印度 1.66 吨标准油的 1.3 倍。2013 年中国每一万美元国内生产总值能源消耗是 1.89 吨标准油，是世界 1.31 吨

标准油的 1.44 倍，是英国 0.8 吨标准油的 2.36 倍，是印度 1.18 吨标准油的 1.6 倍。中国单位国内生产总值能耗不仅远高于美国、英国、日本等世界发达国家，远高于世界平均水平，还远高于印度。

随着我国经济的持续快速发展和工业化、城镇化进程的加快，我国生产和生活领域对能源的需求不断增长，其中对石油、天然气等优质能源的需求尤为迫切，致使我国每年从国外进口石油、天然气数量不断增加，石油、天然气对外依存度越来越高；而与此同时，我国人均一次能源消费量、人均石油消费量、人均天然气消费量仍远低于美国、日本等发达国家。

1990—2014 年世界人均一次能源消费量情况见表 1.4。

表 1.4　1990—2014 年世界人均一次能源消费量情况

单位：吨油当量/人

	世界平均	中国	美国	日本	印度
1990 年	1.54	0.60	7.89	3.50	0.21
2000 年	1.54	0.79	8.20	4.07	0.28
2010 年	1.76	1.85	7.39	3.95	0.42
2014 年	1.79	2.18	7.21	3.59	0.50

从上表可以看出，1990 年中国人均一次能源消费量为 0.6 吨油当量，是美国 7.89 吨油当量的 7%，是日本 3.5 吨油当量的 17%。2014 年中国人均一次能源消费量为 2.18 吨油当量，是美国 7.21 吨油当量的 30%，是日本 3.59 吨油当量的 61%。

20 世纪中叶以来，世界能源消费一直向高效化、优质化、清洁化方向发展，体现在能源消费结构上，就是污染能源煤炭的比例大幅度下降，清洁能源石油和天然气的比例大幅度上升。而在这方面，中国又远远落后于世界能源开发利用的步伐。

石油是一种具有广泛用途的矿产资源。19 世纪以来，由于内燃机的发明，扩大了对石油产品的利用；20 世纪中叶，石油化工的高速

发展，进一步拓宽了石油的应用范围。如今，石油已经成为人类社会发展进程中的一种十分重要的化工原料和动力之源，作为一种战略物资广泛地应用于工业、农业、军事、人民生活等各个领域，尤其在能源领域发挥着不可替代的重要作用。然而，由于我国特殊的国情和资源条件，我国人均石油消费量同美国、日本等国相比差距很大。

1990—2014 年世界人均石油消费量情况见表 1.5。

表 1.5　1990—2014 年世界人均石油消费量情况

单位：吨/人

	世界平均	中国	美国	日本	印度
1990 年	0.60	0.10	3.09	2.00	0.07
2000 年	0.59	0.18	3.13	2.03	0.10
2010 年	0.59	0.33	2.75	1.58	0.13
2014 年	0.58	0.38	2.62	1.55	0.14

从上表可以看出，1990 年中国人均石油消费量为 0.1 吨，是美国 3.09 吨的 3%，是日本 2 吨的 5%。2014 年中国人均石油消费量为 0.38 吨，是美国 2.62 吨的 14.5%，是日本 1.55 吨的 24.5%。

中国是世界上天然气开发利用最早的国家，但天然气的规模化开发利用却远远落后于世界发达国家，人均天然气消费量很低。

1990—2014 年世界人均天然气消费量情况见表 1.6。

表 1.6　1990—2014 年世界人均天然气消费量情况

单位：立方米/人

	世界平均	中国	美国	日本	印度
1990 年	371	14	2175	389	14
2000 年	396	20	2342	570	25
2010 年	464	83	2205	738	52
2014 年	471	136	2382	885	40

从上表可以看出，1990年中国人均天然气消费量为14立方米，是美国2175立方米的0.6%，是日本389立方米的3.6%。2014年中国人均天然气消费量为136立方米，是美国2382立方米的5.7%，是日本885立方米的15.4%。

我国人均能源特别是人均优质能源消费量远低于世界发达国家，加上我国能源利用效率较低，致使我国社会主义现代化建设的能源“瓶颈”越来越明显，成为社会主义建设事业的重大制约因素。要改变这一不利状况，既要加大能源的开发利用力度，提高能源利用效率，同时也要下大力气抓好安全生产工作，尽最大努力减少因生产安全事故造成的能源损耗。在全球能源资源日益紧张的情况下，通过抓好安全生产工作的方式节约能源资源，是加快进行社会主义现代化建设的一条有效途径。

第四节　促进经济社会低环境代价发展

人类属于生物有机体。生物有机体是随着地球环境的演化而产生和进化的。人类作为生物进化的最高形式，同样是地球环境演化的产物。正如恩格斯所说：“人本身是自然界的产物，是在他们的环境中并且和这个环境一起发展起来的。”（《马克思恩格斯选集》，第3卷，人民出版社，1972年版，第74页）

人类出现以后，就表现为一定数量的人口，人口的生存和发展、人口的再生产，都是在生态环境中进行的，无论是整个人类还是个体，一时一刻都离不开生态环境。生态环境不仅为人类的生存发展提供了劳动对象如矿产、能源等，为人类提供了生产生活的场所，还为人类提供了赖以生存的自然条件，如阳光、空气、淡水等；如果没有这些，人类将无法生存，更谈不上发展进步。因此，人类应当感恩和珍惜生态环境。

然而，随着人类生产力的提高、人类自身力量的增强，人类对生态环境越来越不友好，对大自然的伤害越来越严重。

通常认为，人类文明已经经历了三个阶段。第一个阶段是原始文明，始于石器时代，这一阶段经历了上百万年。第二阶段是农业文明，铁器的出现使人类改变自然的能力产生了质的飞跃，这一阶段经历了一万年。第三阶段是工业文明，18 世纪英国工业文明开启了人类现代化生活，至今已有两百多年，这一阶段还在延续。

工业革命发生以后，人类的生产力空前提高，人类所梦想的"点金术"即社会财富的大量涌流实现了，人类刚刚从长期的贫困中走出来，出于对物质财富的强烈渴望和追求，使得整个人类过分注重对产品和财富的快速获得，而普遍忽视了环境保护问题。

进入 20 世纪，随着工业化、城镇化的加速发展，全世界资源消耗强度进入高增长阶段，相应地，对生态环境的影响和破坏也更加严重。工业废料和生活垃圾污染土壤、河流和海洋，工业生产、民众生活燃烧煤炭排放的二氧化硫，燃烧石油以及汽车尾气排放出来的氮氧化合物所形成的酸雨遍布世界各地，化学制品的滥用使得臭氧层遭到破坏，造成全球气候反常，土地荒漠化以惊人的速度扩展……

自然环境的日益恶化，终于使人类警醒了。

1935 年，英国学者坦斯勒提出了"生态系统"的概念，开始从宏观的角度认识自然生态环境。

20 世纪 60 年代，蒙特尔·卡逊的《寂静的春天》一书揭开了全球对人与自然协调发展、建设生态文明的探索历程。

1972 年，联合国在斯德哥尔摩召开举世瞩目的人类环境会议，标志着人类对生态环境的认识深度和重视程度发生了重大变化。会议提出了"只有一个地球"的口号，并通过了《人类环境宣言》，指出："人类环境的维护与改善是一项影响人类福利与经济发展的重要课题，是全世界人民的迫切愿望，也是所有政府应肩负的责任。""人类事业已到了必须全世界一致行动共同对环境问题采取更审慎处理的历史转折点。由于无知或漠视会对生存及福祉所系的地球造成重大而无法挽回的危害，反之，借助于较充分的知识与较明智的行动，就可以为自己及子孙后代开创一个比需要与希望更好的环境，实现更为美好的生活。”这次会议标志着人类对环境问题的觉醒，世界各国从此走上了保护和改善环境的新道路。

1983 年，联合国成立了世界环境与发展委员会；1987 年，该委员会在其长篇报告《我们共同的未来》中，正式提出了可持续发展模式。

1992 年在里约热内卢召开的环境与发展大会，通过了《21 世纪议程》，人类社会认识到环境与发展是密不可分的，环境问题必须在发展中加以解决，可持续发展的理念被世界各国广泛接受，实现了人类认识和处理环境问题的历史性飞跃。

2002 年 8 月，在约翰内斯堡召开的可持续发展世界首脑会议，再次深化了人类对可持续发展的认识，确认经济发展、社会进步与环境保护相互联系、相互促进，共同构成可持续发展的三大支柱。

地球作为人类唯一的家园，无论是能源资源的供给，还是环境的承载能力，都是有限的，年复一年地向大自然无限度地索取，最终还是要由人类自己承担代价。请看报道。

地球面临“生态破产”

路透社华盛顿 6 月 24 日电　据《全国科学院学报》发表的研究报告称，人类对森林、能源和土地的开采已经超过了地球自身的修复速度。

由加利福尼亚的非营利性环保经济组织“重估进步”进行的这项研究警告说，如果不能阻止人类对自然资源的过度使用，地球将面临“生态破产”。

该组织的项目负责人、报告主要作者马西斯·瓦克纳格尔说，地球的资源“就像一大堆钞票，谁都可以闭着眼抢，结果一下子就抢没了”。

科学家说，人类对资源的索取在过去 40 年中飞速地增长，以致现在人类一年的索取量地球要用 1.2 年才能恢复。

研究表明，人类对环境的影响自1961年开始缓慢增大，当时人类的索取量占地球恢复能力的70%。

研究用数字详细列出了人类对地球的影响，测评了海洋渔业、森林砍伐、基础设施建设以及燃烧向大气排放二氧化碳的矿物燃料等人类活动的“生态足迹”。

为了列出测评人类索取与地球修复能力的公式，研究人员不得不作出一些假设，还因资料不足而省去了一些资源的使用。

比如，结论中不包括地区淡水的使用以及除二氧化碳之外的固体、液体和气体污染的排放。

尽管研究显示人类对资源的使用已大大超过了地球的供给，但它不能断定在未产生严重后果之前这样的过程还能持续多久。

原载2002年6月26日《参考消息》

中国作为世界上人口最多的发展中国家，作为一个负责任的大国，对环境保护工作高度重视。我国环境保护大致可以分为五个阶段。

第一阶段：从20世纪70年代初到党的十一届三中全会（1978年12月）。1972年我国派代表团参加人类环境会议。1973年国务院召开第一次全国环境保护会议，提出环保工作32字方针。

第二阶段：从党的十一届三中全会到1992年。将保护环境确立为基本国策，提出环境管理八项制度。

第三阶段：从1992年到2002年。将实施可持续发展确立为国家战略，制定实施《中国21世纪议程》，大力推进污染防治。

第四阶段：从2002年到2012年。以科学发展观为指导，加快推进环境保护历史性转变，让江河湖泊休养生息，积极探索环境保护新道路，努力构建资源节约型、环境友好型社会。

第五阶段：党的十八大以来。党的十八大将生态文明建设纳入中国特色社会主义事业总体布局，要求大力推进生态文明建设，努力建设美丽中国，实现中华民族永续发展。

为抓好环境保护工作，我国在1990年正式确立了环境保护的基本国策，1993年确立了水土保持的基本国策，2005年确立了节约资源的基本国策，持之以恒地向着保护环境、节约资源的方向前进。

当前我国环境形势严峻，其原因是多方面的，主要有以下方面。

一是唯GDP的政绩观尚未得到根本扭转。一些地方片面追求经济增长，重经济发展、轻环境保护，甚至不惜以牺牲环境为代价换取经济增长，环境保护仍处于经济社会发展的薄弱环节。

二是经济发展和城镇化建设进程中的环境压力日趋强化。我国粗放工业模式尚未根本改变，产业结构重型化特征明显。我国已成为世界上能源、钢铁、水泥等消耗量最大的国家之一，主要矿产资源对外依存度逐年提高。消费结构快速升级，不可持续的消费行为日益盛行。如果不提高城镇化的质量，势必带来更大的环境压力和生态风险。

三是经济全球化带来的环境压力进一步加大。我国已成为世界第二大经济体，国际社会要求我国承担更多环境责任的压力日益加大。我国对外产品出口承担了巨大的生态环境逆差。

四是环境管理体制不顺、能力支撑不足和法制不健全问题比较突出。一些制约环保事业发展的体制问题依然存在，环保队伍薄弱的状况尚未根本改变，环保监管力量与日益繁重的环保任务越来越不适应。环境保护法、大气污染防治法还须修订，“守法成本高、违法成本低”的问题长期没有得到解决。

2004年3月10日，胡锦涛同志在中央人口资源环境工作座谈会上指出：“要牢固树立保护环境的观念。良好的生态环境是社会生产力持续发展和人们生存质量不断提高的重要基础。要彻底改变以牺牲环境、破坏资源为代价的粗放型增长方式，不能以牺牲环境为代价去换取一时的经济增长，不能以眼前发展损害长远利益，不能用局部发展损害全局利益。”(中共中央文献研究室，2008)

2004年9月19日，胡锦涛同志指出：“虽然我国环境保护和生态建设取得了不小成绩，但生态总体恶化的趋势尚未根本扭转，环境治理的任务相当艰巨。环境恶化严重影响经济社会发展，危害人民群众的身体健康，损害我国产品在国际上的声誉。如果不从根本上转变经济增长方式，能源资源将难以为继，生态环境将不堪重负。那样，我们不仅无法向人民交代，也无法向历史、向子孙后代交代。”(中共中央文献研究室，2008)

我国环境问题从表面看是污染物排放量超过了环境承载能力，但从历史的角度看，则是发达国家在上百年工业化过程中分阶段出现的环境问题，我国却在短短几十年时间内集中出现，呈现出结构型、复合型、压缩性的特点。要解决好环境保护问题，就必须坚持环境保护基本国策，在发展中解决环境问题。

良好的生态环境是人和社会持续发展的根本基础，也是提高人们幸福生活水平的重要保障。中国共产党第十八次全国代表大会报告明确指出：“建设生态文明，是关系人民福祉、关系民族未来的长远大计。面对资源约束趋紧、环境污染严重、生态系统退化的严峻形势，必须树立尊重自然、顺应自然、保护自然的生态文明理念，把生态文明建设放在突出地位，融入经济建设、政治建设、文化建设、社会建设各方面和全过程，努力建设美丽中国，实现中华民族永续发展。”

要建设美丽中国，为人民创造良好的生产生活环境，为子孙后代留下天蓝、地绿、水净的美好家园，既离不开清洁发展、绿色发展，也离不开安全发展，尤其是离不开安全生产。

发生事故对生态环境的影响和破坏，主要有以下三种情况。

一是火灾、爆炸等造成的燃烧导致环境灾害和空气污染。

1987 年 5 月 6 日到 6 月 2 日，黑龙江省大兴安岭地区发生火灾，这是我国最严重的一次森林火灾。5 月 6 日，火灾在大兴安岭地区的西林吉、图强、阿尔木、塔河四个林业局所属的几处林场同时发生。由于天气干燥、气温较高，加之 5 月 7 日傍晚刮起 8 级以上大风，最大风力超过 9.8 级，使得火势愈演愈烈，无法控制。经过各方全力扑救，加上在最后时期林区大范围降雨，大火于6月2日被彻底扑灭。

这次火灾死亡193人，烧伤226人，大火烧过101万公顷土地，是新中国成立以来毁林面积最大、伤亡人数最多、损失最为惨重的一次森林火灾。这次大火对生态环境的破坏是巨大的：过火有林地和疏林地面积114万公顷，焚毁木材85万立方米、房屋61万平方米、粮食325万千克，火灾产生的浓烟和灰烬对环境造成巨大污染；同时，百万公顷的森林和草场被焚毁，原先涵养水源、防风固沙、净化空气、改善气候等方面的作用也全部消失殆尽。

二是扑灭火灾的消防用水处置不当，引发污染。

2005年11月13日，吉林石化公司双苯厂一车间发生爆炸，14日凌晨4点大火被扑灭。这次事故共造成5人死亡，1人失踪，60多人受伤。爆炸引起大火，在灭火过程中，大量苯类物质尚未燃烧或燃烧不充分，随着消防用水，绕过专用的污染水处理通道，通过排污口直接进入松花江，最终形成了长达80千米的漫长的污染带。11月24日，国务院新闻办公室举行新闻发布会，国家环保总局副局长张力军就松花江水污染事件的总体情况通报指出："事故产生的主要污染物为苯、苯胺和硝基苯等有机物，事故区域排出的污水主要通过吉化公司东10号线进入松花江。超标的污染物主要是硝基苯和苯，属于重大环境污染事件……24日上午7时最新的监测数据显示，硝基苯超标4.82倍，苯检出但未超标。这个污水团长度约80公里，在目前江水流速下，完全通过哈尔滨市需要40小时左右。"松花江水污染事件发生后，俄罗斯对松花江水污染对中俄界河黑龙江（俄方称阿穆尔河）造成的影响表示关注。中国向俄道歉，并提供援助以帮助其应对污染。

三是化工厂储罐、油气管道等因生产安全事故被损害，导致有毒有害物质及油品等大量泄露，危害和污染周围环境。

1984年12月3日凌晨，印度中部博帕尔市北郊的美国联合碳化物公司印度公司的农药厂，在一声巨响中，一股巨大的气柱冲向天空，形成一个蘑菇状气团，并很快扩散开来，这是农药厂发生的严重毒气泄漏事故。液态异氰酸甲酯以气态从出现漏缝的保安阀中溢出，并迅速向四周扩散。虽然农药厂在毒气泄漏后立即关闭了设备，但已有 30 吨毒气化作浓重的烟雾迅速四处弥漫，很快就笼罩了周围地区，数百人在睡梦中就被悄然夺走了性命，几天之内有 2500 多人死亡。此后多年里又有 2.5 万人因为毒气引发的后遗症死亡，还有 10 万当时生活在爆炸工厂附近的居民患病，3 万人生活在饮用水被毒气污染的地区。

从以上几起事故案例可以看出，抓好安全生产同保护生态环境之间有着十分紧密的内在联系。如果发生生产安全事故，有可能造成多方面的环境污染，严重的还会危及污染区域范围内的人员安全健康，这也是生产安全事故危害性和严重性的一种表现。

社会主义生产的目的，就是创造出更多更好的产品，保证最大限度地满足整个社会不断增长的物质和文化的需要。

任何社会的生产目的都必须通过一定的手段来实现。目的决定手段，手段实现目的。在不同的社会形态下，由于社会生产目的不同，所以达到目的的手段也不同。资本主义社会生产的目的是追求最大限度的剩余价值，所以达到这一目的的手段就是无偿占有工人更多的剩余劳动。在社会主义社会，社会生产的目的是为了满足全体劳动者不断增长的物质和文化生活的需要，这个目的本身表明，劳动者是生产资料的主人，是社会的主人，从而决定了实现这一目的的手段不能是剥削和掠夺，而只能是依靠全体劳动者的辛勤劳动，发展社会主义生产，增加社会产品总量。而要发展社会主义生产和增加社会产品总量，就离不开劳动者、劳动资料、劳动对象和劳动产品的安全完备，就离不开安全生产。只有切实抓好社会主义安全生产，才能促进经济社会走上低生命代价、低财富代价、低资源代价、低环境代价发展的科学道路，才能更好地实现社会主义生产的目的。

第二章　社会主义安全生产功效

要抓好社会主义安全生产，必须深刻认识安全生产工作的重大意义和重要作用，必须准确把握社会主义安全生产的“八完”功效，具体就是机器设备的完备、现场管理的完善、指标任务的完成、形象声誉的完美、社会责任的完全、人际关系的完好、生命健康的完整、幸福生活的完满。

把握社会主义安全生产的“八完”功效、认识安全生产工作的意义，对于抓好社会主义安全生产工作有什么作用呢？

1988年11月30日，国务委员、全国安全生产委员会主任邹家华在《努力开拓全国安全生产工作的新局面》讲话中指出：“许多同志不重视安全生产，有的同志不懂得安全生产的重要性，不了解安全生产应该注意哪些问题，应该采取哪些措施才能做到安全生产，缺乏安全生产的知识。安全生产委员会应针对这个问题为提高干部、职工乃至全社会的安全意识大力开展宣传教育工作。”

1997年5月11日，中共中央政治局委员、国务院副总理吴邦国在全国安全生产工作紧急电话会议上指出：“安全意识不强。一些领导干部对安全生产工作认识不足，重视不够，没有牢固树立安全第一、预防为主的思想……一些地区、部门和企业，没有摆正安全生产与经济发展、安全生产与经济效益、安全生产与改革开放、安全生产与社会稳定的关系，放松了对安全生产工作的领导。”

2002年2月7日，吴邦国在全国安全生产电视电话会议上指出：“部分地方领导干部对安全生产重视不够，工作进展不平衡。一些地方特别是县、乡领导对贯彻落实党中央、国务院关于安全生产的一系列指示精神态度不坚决，工作不得力，甚至存在消极抵触情绪，使专项整治工作流于形式。”

2005年8月25日，全国人大常委会副委员长李铁映在第十届全国人民代表大会常务委员会第17次会议上作关于检查《安全生产法》实施情况的报告，指出：“长期以来，安全生产在经济社会发展中的重要地位没有得到应有的重视，安全生产还没有纳入国民经济和社会发展规划。实际工作中，‘安全第一、预防为主’的观念淡薄。一些地方领导只重生产，轻视安全，把安全生产工作停留在口头上、会议上、文件上，贯彻实施安全生产法严格不起来、落实不下去。一些企业负责人没有把维护职工生命放在第一位，受利益驱动突击蛮干，强迫职工超强度劳动，甚至进行奴役性生产。不少职工也缺乏安全生产知识和自我保护意识，不能运用法律手段保障自己的合法权益。”

2006年4月21日，国家安全生产监督管理总局局长李毅中在中央党校讲我国安全生产问题时指出：“受利益的驱动，至今仍有一些地方和企业负责人认为效益风险大于安全风险。他们认为只要效益上去，在安全上降低一些标准、减少一些投入，甚至受到一些处罚，也是值得的。”少数民营企业为获得高额利润，把劳动者承担的伤亡风险提高到临界点，在随时有可能发生伤亡事故的情况下组织生产。

2013年1月18日，全国安全生产工作会议指出：“有些地区和单位对安全生产的认识还不够深刻，工作还没有摆到位。有的地区和单位不重视安全生产工作，有的只重视一阵子，出了事故才重视，不出事故不重视，甚至出了事故仍不重视的也大有人在。侥幸心理、麻痹思想是最大的隐患。谁不重视安全生产，谁就会吃苦头。”

2014年1月15日，中共中央政治局委员、国务院副总理马凯在全国安全生产电视电话会议上指出：“安全生产意识薄弱，安全把关不严。一些地方和单位没有牢固树立以人为本、安全发展的思想观念，招商引资、上项目安全把关不严，对危及人民群众生命安全的建设项目、重大隐患视而不见，进行城市规划时忽视安全问题，使有的工业园区成为安全隐患集中区。”

从以上论述可以看出，导致我国安全生产工作水平低下、形势严峻的一个重要原因，就是很多地方及企业的领导干部安全生产素质低下，知识欠缺，甚至是“安全盲”，对安全生产工作认识不足、重视不够，甚至存在很多错误思想，将安全生产工作同经济社会发展对立起来，对党中央、国务院有关安全生产工作的要求和部署持消极抵触情绪，这当然不可能抓好安全生产工作。

那么，这些地方和企业的领导干部为什么对安全生产工作认识不足、重视不够呢？就是因为他们不懂得安全生产的“八完”功效。

抓安全生产必须遵循投入产出规律，也就是说，要实现安全生产无事故，就必须持续不断地进行安全投入。

任何一个地区或企业所拥有的资源如资金、人员等都是有限的，这就有一个资源的投入分配问题——在安全生产上投入的资源多一些，在其他方面投入的资源就会相应地减少一些，这是一个基本常识。正因如此，致使许多地方及企业的领导干部产生了一种错误认识，认为对安全生产的投入(包括人力、物力、财力等)“挤占”了对经济建设、增加产能、扩大市场等的投入，妨碍了效益的提高，所以就对安全生产投入持有很大的抵触情绪，在实际工作中就会设置种种阻碍。

持有这种错误认识的人，同现代化经济建设及现代化企业管理对领导干部的要求格格不入，这样的人既搞不好经济建设，也抓不好企业管理，因为他们不懂得安全生产在经济建设和企业发展中的重大作用。

当今社会是一个风险社会，当今企业是一种风险企业，安全问题无时不有、无处不在，而一旦发生生产安全事故就会对发展造成重大损失，所以安全问题就成为经济社会发展和企业生产经营的首要问题。安全已经成为经济社会正常运行的重要支撑和工厂企业的生命，没有安全将什么都没有，拥有安全才有可能拥有一切。

不仅如此，随着社会的发展、文明的进步，以及人民群众生活水平的大幅度提高，如今人们对于自身安全健康的要求同以往相比也在不断提高，包括劳动者择业也会对所选职业及就业单位的安全状况进行判断和比较，优先选择那些安全健康保障程度高的职业、单位和岗位，那些安全健康保障程度低以及事故不断的企业将难以招到合格的从业人员。

在安全生产上投入将会得到巨大的回报，这早已得到世界各国的公认；相应地，发生生产安全事故所造成的巨大经济损失同样得到世界各国的公认。

据联合国统计，世界各国平均每年支出的事故费用约占总产值的6%。国际劳工组织编写的《职业卫生与安全百科全书》指出，事故的总损失就是防护费用和善后费用的总和；在许多工业国家中，善后费用估计为国民生产总值的1%～3%，事故预防费用较难估计，但至少等于善后费用的两倍。

国家安全生产监督管理局2003年完成的《安全生产与经济发展关系研究》，针对我国20世纪80年代和90年代安全生产领域的基本经济背景数据，应用宏观安全经济贡献率的计算模型，即“增长速度叠加法”和“生产函数法”，经过理论研究分析和数据实证研究，得出安全生产对社会经济的总和贡献率是2.4%，安全生产的投入产出比高达1∶5.8。

以上论述的仅仅是经济上的回报，实际上，在安全生产上进行投入，所得到的回报远远不只限于经济这一个方面，还包括政治、民生、社会稳定、国家形象等诸多方面，可谓一举多得。

思想是行动的先导，有什么样的思想就会有什么样的行动，在安全生产上更是如此，而且这一特点体现得尤为突出。全社会如果都能深刻认识到安全生产工作的“八完”功效，充分认识抓好安全生产工作在经济、政治、民生、社会稳定、国家形象等方面的巨大回报，对安全生产的重视程度和支持力度将会大大增强，这样才能消除对安全生产认识不清、重视不够、支持不力、投入不足等种种不正常的现象，才会在实际工作中对安全生产大力支持，我国安全生产工作水平将会全面提高，实现国家确定的“我国安全生产状况实现根本性好转”的奋斗目标就一定会有更加扎实可靠的保障。

第一节　机器设备的完备

抓好社会主义安全生产具有许多方面的功效，而它最直接的功效就是保障机器设备的完备，使现代化企业能够正常运转，使现代化生产能够正常进行。可以这样说，机器生产和安全保障，正是我们进行社会化大生产时刻不能缺少的重要保证。

机器是人类在认识自然、改造自然进程中最伟大、最宝贵的发明，是人类社会文明进步历程中最强大、最重要的支撑。正是有了机器，才有了机器大工业，从此开始了工业大生产的新时代，对人类社会产生了极为深远的影响。

当今时代，人类文明高度发达，科学技术日新月异，社会生产空前繁荣，物质财富日益增加，人们的生活水平是自人类诞生以来最高的。2000 年 6 月，江泽民同志在中国科学院第十次院士大会和中国工程院第五次院士大会上指出，在 20 世纪，人类创造了超过以往任何一个时代的科学成就和物质财富。

所有这些，都是同机器分不开的。

机器的巨大功能，自从工业革命以来就已经在人类社会生产、生活的各个方面全面展示出来了，正如马克思所指出的：“机器是提高劳动生产率，即缩短生产商品的必要劳动时间的最有力的手段。”(中共中央编译局，1975a)

从社会生产发展的历史来看，人们在劳动过程中所使用的劳动资料经历了从简单到复杂、从粗糙到精密、从低级到高级、从原始到现代、从廉价到昂贵的发展进步过程，这正是人类智慧的体现，也是科技进步的必然结果。

工业革命的发展，机器的广泛应用，最直接的结果就是大大提高了生产力，大大增加了社会财富，大大推进了人类文明。恩格斯指出："我们在最先进的工业国家中已经降服了自然力，迫使它为人们服务；这样我们就无限地增加了生产，使得一个小孩在今天所生产的东西，比以前的一百个成年人所生产的还要多。"（中共中央马克思恩格斯列宁斯大林著作编译局，1971a）

由于工业和机器对社会生产和经济建设具有极其重大的作用，引起了列宁的高度关注，并将发展工业上升到了巩固和发展社会主义制度的高度来看待。

1918 年 4 月 29 日，列宁在全俄中央执行委员会会议上关于苏维埃政权的当前任务的报告中指出："社会主义的起点是在开始进行更大规模生产的地方。我们已经说过，只有这些物质条件，即为千百万人服务的大企业里的机器，才是社会主义的基础。"（中共中央马克思恩格斯列宁斯大林著作编译局，1958a）

1921 年 5 月 26 日，列宁在俄共（布）第十次全国代表会议上作的《关于粮食税的报告》指出："增加财富、建立社会主义社会的真正的和唯一的基础只有一个，这就是大工业。如果没有资本主义的大工厂，没有高度发达的大工业，那就根本谈不上社会主义，而对于一个农民国家来说就更谈不上社会主义了。"（中共中央马克思恩格斯列宁斯大林著作编译局，1958b）

机器和机器体系的发展历程已经证明，列宁的这些论断是正确的。机器和大机器工业，已经成为人类改造自然、创造财富、推动社会进步的有力工具，正是机器的广泛应用，才创造了现代文明。与此同时，社会主义国家对机器和机器体系的高度重视和广泛应用，也使机器和机器体系成为巩固和壮大社会主义的强大武器。要巩固和发展社会主义制度,要保障社会生产的正常和社会秩序的稳定,就必须保证机器设备的完备,就必须认真抓好安全生产。

现代化的工厂企业,为什么容易发生生产安全事故,事故的根源究竟是什么呢?

引发导致财富损失、人员伤亡、生产中断的生产安全事故的根源,就在于机器的广泛应用,就在于保障机器设备正常运转的条件十分苛刻。

世界上没有十全十美的东西,机器也不例外。马克思指出:“一台机器的构造不管怎样完美无缺,但进入生产过程后,在实际使用时就会出现一些缺陷,必须用补充劳动纠正。”(中共中央编译局,1975b)马克思所说的“缺陷”,实际上是指影响机器正常运转和安全生产的故障和隐患;而他所说的“用补充劳动纠正”,则是指采取必要的措施排除故障和隐患,保障机器正常、安全生产。

马克思指出:“机器的有形损耗有两种。一种是由于使用,就像铸币由于流通而磨损一样。另一种是由于不使用,就像剑入鞘不用而生锈一样。”(中共中央编译局,1975a)

问题还不仅如此。马克思指出:“机器的磨损绝不像在数学上那样精确地和它的使用时间相一致。”(中共中央编译局,1975a)也就是说,随着使用年限的延长,机器磨损的程度肯定是越来越严重,但具体磨损状况并不是同使用年限保持严格的比例关系,这就给我们评估在用机器设备的完好程度、制定相应的事故预防措施造成了很大困难。

以上所说还只是机器设备本身所造成的安全风险和隐患,如果加上人为因素及自然因素的影响,妨碍机器正常生产乃至发生生产安全事故的可能性将大大增加,生产劳动的危险性将大大增加;而一旦发生生产安全事故,不仅机器设备会受到损坏,劳动者的生命安全和身体健康也会受到伤害。所有这些都决定了,要保障社会的正常生产生活秩序，就必须抓好社会主义安全生产工作，确保机器设备的完备和正常。

用机器取代人的部分体力劳动和手的部分功能，使社会生产步入机械化的轨道，将人从繁重的体力劳动中解放出来，并使劳动生产率增大千倍，这当然是人类智慧和力量的充分体现；但同时，则反映出人类对机器的过分依赖，当今社会，不仅工农业生产离不开机器，就是人们的日常生活也时刻离不开机器。

2003 年 8 月 14 日，美国东北部的纽约市、底特律市和克利夫兰市以及加拿大的多伦多、渥太华等地遭遇北美历史上最严重的大停电。美国和加拿大的 100 多座电厂，其中包括 22 座核电站自动"保护性关闭"，使停电区域进一步扩大，最终酿成了北美大陆有史以来最严重的停电事故，使 5000 万人的工作和生活受到严重影响。

停电导致整个交通系统陷入全面瘫痪。停电造成地铁列车停在隧道中，成千上万乘客被困在漆黑的地铁隧道里。位于曼哈顿岛东部的联合国总部大楼电力和通信完全中断，多项重要会议不得不推迟。电梯救援行动多达 800 次，紧急求救电话接近 8 万次，急诊医疗服务求助电话也达创纪录的 5000 次。停电期间，工厂被迫停产，银行歇业，商店摸黑经营，信息传输中断。饭店、超市以及其他经营易变质食品的行业损失高达 8 亿美元，停电还导致汽车制造厂的流水线停产。所幸此次停电仅仅持续 29 个多小时，北美大部分停电地区便基本上恢复了电力供应。

2008 年 2 月，中国部分地区经历了一场 50 年一遇的低温雨雪冰冻灾害，这场雪灾对湖南地区的电网设备造成了巨大的破坏，电力供应被迫中断，机器运行被迫中止，使 450 万人在寒冬停电的情况下生活了两个星期。

因为停电，导致生产和生活领域的各种机器设备无法工作，就给人们带来诸多的不便，由此可见机器设备所拥有的巨大作用，保障机器设备的安全完备也就成为一项十分重要的工作，所以必须抓好安全生产工作。

安全生产是一项系统工程，就在于机器设备安全平稳运行的条件十分苛刻，方方面面的因素都有可能影响其安全平稳运行，包括机器设备本身的完好、机器设备操作运行制度的完善、职工业务水平的高低、现场管理的科学高效、生产作业环境以及自然环境的正常，等等。正因如此，抓好安全生产工作并不是一件容易的事。

对于确保机器设备的安全完好，国家早已作了明确规定。

2004 年 1 月 9 日，国务院印发《国务院关于进一步加强安全生产工作的决定》，指出："保证安全生产的必要投入，积极采用安全性能可靠的新技术、新工艺、新设备和新材料，不断改善安全生产条件。"

2014 年 12 月 1 日起施行的《安全生产法》，第二十六条规定："生产经营单位采用新工艺、新技术、新材料或者使用新设备，必须了解、掌握其安全技术特性，采取有效的安全防护措施，并对从业人员进行专门的安全生产教育和培训。"

在现代化生产中，生产过程是由劳动者操作机器设备，由机器设备对劳动对象进行加工来完成的。可以说，机器设备是现代化生产的物质基础，是社会化大生产的根本条件，是劳动生产率不断提高的重要保障，也是维护和提升现代文明的牢固支柱。要推动经济社会持续发展和社会主义社会不断进步，就必须继续依靠机器设备，源源不断地生产出更多的产品和财富。

正如马克思所说，机器是提高劳动生产率，即缩短生产商品的必要劳动时间的最有力的手段，而同时也是社会主义国家进行现代化建设的强大物质基础。如今，机器已经成为维护社会正常运行、保障人们正常生活必不可少的重要手段。在这种情况下，抓好社会主义安全生产工作，保障机器设备的完备，就是在维护社会正常运行，就是在保障人们正常生活。

第二节　现场管理的完善

社会主义安全生产的第二种功效，就是保障生产作业现场管理的完善。

工业产品生产或工业性作业是工业企业的基本特点。为了适应社会化大生产和市场竞争的要求，不断提高生产的效率和效益，促进生产力的发展，必须对企业生产经营过程进行科学管理，其中生产作业现场是产品产出和作业完成的关键场所，更是管理工作具体展开的主阵地、主战场；要对生产作业现场进行科学管理，安全是不可或缺的重要前提。

现代工业生产是建立在机器和机器体系基础之上的，是一种社会化大生产。在机器生产条件下，绝大多数工业产品都是许多工厂共同协作才最终完成的，各部门、各企业之间的关系十分密切，相互依赖、相互制约，工业再生产过程已经成为不可分割的统一过程。为了保证工业再生产的顺利进行，就必须在部门之间、企业之间、生产过程各个环节之间保持协调发展，生产要严格按照比例来进行。由于整个社会的经济活动已经联成一个整体，社会化大生产已经不限于生产过程，产品的分配、交换、消费过程，同样是在整个社会中进行的。

然而，无论社会化大生产的规模多么庞大，生产工艺多么先进，分工协作多么紧密，都离不开一个最基本的场所——现场。如果没有生产作业现场，生产将无法进行，产品将无法产出，劳动价值将无法形成，无论是某项具体生产还是整个社会生产的目的都将无法达到，这足以说明现场对生产的极端重要性。

随着现代化生产不断发展，市场需求持续增加，对生产管理提出了新的要求，生产的内涵已经得到进一步的扩展。以往，生产往往被看作是工厂企业的事情，产品的制造过程才是生产，因此，生产系统的管理就等同于工厂管理。随着第三产业的迅速发展，如今，生产的概念已经从制造业的工厂进入了餐旅、商场、医院、银行、咨询和办公室，人们在服务业所进行的许多业务活动也被认为是生产活动。当然，这种同样需要人、财、物以及信息等各种投入的生产活动所带来的并不是制造业概念上的产品，但它同样是社会所必需的产出——服务。因此，当今生产管理的范围不仅包括制造业，也包括服务业的许多内容。服务业的生产过程表现为投入——转换——产出的过程，这一过程一般称为作业过程，所以现代生产管理称为生产与作业管理更为合适。

就制造业而言，生产活动的涵盖范围随着生产系统的前伸和后延也大为扩展。生产系统的前伸是指生产系统在以市场为导向的同时，已将其功能扩展到战略制定、产品创新设计乃至与资源的供应合为一体。生产系统的后延是指企业的生产职能已经扩展到产品销售和售后服务方面，把为用户安装、维修和培训当作企业生产活动的重要组成部分。如今，很多企业已经将本企业产品的使用场所视为企业生产系统的空间延伸，在那里完成产品的制造和改进。在这种情况下，现场的重要性进一步提升。

凡是生产劳动，就离不开劳动者、劳动资料、劳动对象、管理等因素，所有这些都大量集中在生产作业现场。抓好安全生产，使现场管理更加完善，使生产劳动更加科学合理地进行，这正是安全生产的功效。

现场对于任何一个生产经营单位而言，都是不可缺少的；相应的，加强现场管理，也具有不可替代的重要作用。

社会主义的根本任务就是发展社会生产力，而生产力的发展提高是受多种因素制约和影响的。马克思明确指出：“劳动生产率是由多种情况决定的，其中包括：工人的平均熟练程度，科学的发展水平和它在工艺上应用的程度，生产过程的社会结合，生产资料的规模和效能，以及自然条件。”（中共中央编译局，1975a）既然生产力受到诸多因素影响，要解放和发展生产力，就必须使这些因素协调配合，力争形成最佳匹配。

生产力诸因素的结合方式很复杂，有质的结合、量的结合、空间结合、时间结合。这些因素结合的好坏，从宏观上讲，对生产力高低和经济发展快慢产生直接影响；从微观上讲，则决定了生产现场的产品产出多少、质量优劣、效率高低、效益好坏。

机器大工业是较大规模、较高水平和较多要求的生产，是许多劳动者结合在一起进行的共同劳动。由此，现代工厂的生产作为社会化的劳动，呈现出以下六个方面的突出特点，这些特点对加强管理提出了明确的要求；相应的，由于管理得到加强，这些特点又得到进一步巩固和发展。

一是生产过程具有连续性。连续性是指生产过程的各个环节始终处于运行状态，很少发生或基本不发生停顿和等待现象。现代工厂将原先分散的劳动者和劳动集中起来，各个生产工序和环节之间彼此衔接，联系紧密，使产品从一个生产加工阶段进入下一个阶段所花费的时间减少，相应的用在这种转移上的劳动也减少了，因而提高了生产力。

马克思从工人劳动和机器运行的角度分别论述了生产的连续性。他指出："一个工人是给另一个工人，或一组工人是给另一组工人提供原料。一个工人的劳动结果，成了另一个工人劳动的起点。"(中共中央编译局，1975a)他又指出："每一台局部机器依次把原料供给下一台，由于所有局部机器都同时动作，产品就不断地处于自己形成过程的各个阶段，不断地从一个生产阶段转到另一个生产阶段。"(中共中央编译局，1975a)

二是生产阶段具有并存性。工厂运用机器和机器体系进行生产，不仅使生产过程在时间上相互衔接，而且由于工厂、车间及机器的平面布局，使生产过程的各个阶段能够在空间上同时存在，这样在同一时间内就可以提供更多的产品。

马克思指出:"机器生产的原则是把生产过程分解为各个组成阶段,并且应用力学、化学等等,总之就是应用自然科学来解决由此产生的问题。这个原则到处都起着决定性的作用。"(中共中央编译局,1975a)

三是生产要素具有比例性。比例性是指生产过程各工艺阶段、各工序之间,基本生产过程和辅助生产过程之间在生产能力上保持一定的比例关系。为了使生产过程能够在时间上连续、在空间上并存,就必须有计划、按比例地精确组织生产,使劳动者人数、原料数量以及其他生产资料的数量具有一定的比例。

马克思从工人和机器两方面分别论述了生产的比例性。他指出:"不同的操作需要不等的时间,因此在相等的时间内会提供不等量的局部产品。因此,要使同一工人每天总是只从事同一种操作,不同的操作就必须使用不同比例数的工人。例如在活字铸造业中,如果一个铸工每小时能铸 2000 个字,一个分切工能截开 4000 个字,一个磨字工能磨 8000 个字,雇佣 1 个磨字工就需要雇用 4 个铸工和 2 个分切工。"(中共中央编译局,1975a)他又指出:"在有组织的机器体系中,各局部机器之间不断地交换工作,也在各局部机器的数目、规模和速度之间造成一定的比例。"(中共中央编译局,1975a)

四是生产组织具有纪律性。加强劳动纪律是机器大工业本身必然的要求,也是充分利用劳动力资源的要求。一切社会化大生产,无论是以私有制为基础的生产还是以公有制为基础的生产都是如此。正如马克思所指出的:"工人在技术上服从劳动资料的划一运动以及由各种年龄的男女个体组成的劳动体的特殊构成,创造了一种兵营式的纪律。这种纪律发展成为完整的工厂制度。"(中共中央编译局,1975a)

恩格斯在《论权威》一文中也肯定了劳动者共同遵守纪律的重要性,他指出:"劳动者们首先必须商定劳动时间;而劳动时间一经确定,大家就要毫无例外地一律遵守。其次,在每个车间里,时时都会

发生有关生产过程、材料分配等局部问题，要求马上解决，否则整个生产就会立刻停顿下来。”(中共中央编译局，1972b)

五是生产技能具有传承性。在机器大工业和现代工厂的生产中，劳动者的技术业务水平是衡量劳动力素质的首要标志。要适应快节奏、高强度、大规模的机器生产，就必须具备较高的生产技能，这就需要加强学习培训，需要进行传、帮、带。马克思指出：“要改变一般人的本性，使他获得一定劳动部门的技能和技巧，成为发达的和专门的劳动力，就要有一定的教育或训练。”(中共中央编译局，1975a)。

六是生产结果具有保障性。现代工厂及企业要在激烈的市场竞争中生存和发展，就必须使自己的生产活动达到预定目标，而这又要依靠两个方面的因素，一是工人被严格纪律联结起来的共同劳动，二是机器和机器体系的规则性、划一性、秩序性、连续性和效能。马克思指出：“工厂生产的重要条件，就是生产结果具有正常的保证，也就是说，在一定的时间里生产出一定量的商品，或取得预期的有用效果，特别是在工作日被规定以后更是如此。”(中共中央编译局，1975a)他还指出：“如果工作机的作用范围已定，也就是说，工作机的工具数量已定，或者在涉及力的时候，工作机工具的规模已定，那么产品的数量就取决于工作机作业的速度。”(中共中央编译局，1975a)

生产过程的连续性、生产阶段的并存性、生产要素的比例性、生产组织的纪律性、生产技能的传承性、生产结果的保障性，这就是现代工厂生产的突出特点。正是这些特点，将管理提升到同劳动者、劳动资料和劳动对象同等重要的位置，成为生产力发展不可缺少的组成部分。

管理贯穿于生产力的具体结构之中，其是否科学、合理，直接影响着生产力的组织，影响着生产力作用的发挥。在现代工厂，机器取代原先的手工劳动的同时，科学化的管理也取代了原先的经验性的管理，使得一定范围内的人力、物力、财力等尽可能地合理配置，尽可能地达到人尽其才、物尽其用、货畅其流。特别是随着社会的发展和科技水平的提高，在生产规模更加扩大、机器设备更加先进、协作单位更加广泛的情况下，实行科学化管理将会取得更加明显的效益，而一旦管理失误或失控也将带来重大损失。

越是现代化的生产，对管理的要求就越高，对现场的要求就越高，就越需要加强生产作业现场的安全管理。一旦发生事故，工厂企业生产的六个特点都将不复存在，现场生产将是一片混乱，如果事故严重，生产现场被损毁，生产和管理也将无从谈起。

美国古典管理学家、被誉为“科学管理之父”的弗雷德里克·泰勒，1898 年至 1901 年在伯利恒钢铁公司对“使用铁锹有没有科学”进行研究，从中可以看出安全的巨大功效。

泰勒认为管理的中心问题是提高劳动生产率，为此就必须制定出有科学依据的工人的“合理日工作量”，这就必须通过各种实验和测试，进行劳动动作研究。泰勒对工人操作的每一个动作进行科学研究，把每次操作分解为许多动作，详细研究每项动作的必要性和合理性，形成标准的作业方法，并规定了标准的作业时间，以确定工人的劳动定额即一天合理的工作量。

泰勒的研究成果及应用，获得了丰厚的回报，使工人的劳动效率大大提高：每个工人用手搬运生铁装火车的每天工作量由 12 吨半增加到 47 吨，砌砖工人每天砌砖由 1000 块增加到 2700 块，机器厂的某些产品产量增加了 4 倍到 18 倍，铲煤工人完成的工作量增加了一倍到两倍，棉纺织品的产量增加了一倍。

泰勒的研究获得成功，使得劳动生产率得到大幅度提高，而他的研究之所以能够顺利进行，就在于生产现场是安全的，其研究成果的推广应用同样离不开生产现场的安全保障。如果没有一个安全的生产现场，是不可能取得这些成果的。

2013 年 8 月 13 日，中国安全生产协会主办的安全管理标准化示范班组创建活动在北京举行。全国劳动模范、著名班组长白国周在发言中指出:“人是最不好管理的。从我们煤矿来说,过去百分之八九十以上的事故都是人为因素造成的,所以要抓好管理,必须要提升职工的整体安全素质。对班组而言,就是现场管理。我们所有的设施、设备、措施落实,都是在班组里体现,所以抓班组建设,是抓好安全工作的第一道防线,一个好的班组长能够带动和影响全员。”

2016 年,新修订的《企业安全生产标准化基本规范》经国家标准化管理委员会审核通过后,以国家标准的形式发布,并于 2017 年 4 月 1 日正式实施。《企业安全生产标准化基本规范》对“现场管理”作了专门规定,包括设备设施管理、作业安全、职业健康、警示标志四个方面的内容。

现代大工业生产规模庞大、环节繁多、分工细密、关系复杂,从原料到成品的整个过程都是在现场完成的;可以说,没有现场,就没有产品的最终完成。在生产现场,涉及劳动资料即机器设备、劳动对象即原材料、劳动者,还涉及不同生产单位的协作配合,要使所有人员和工作都能紧密配合、高效运转,就必须进行科学管理,这就需要安全加以保证。如果没有一个安全的生产现场,任何工作都不可能正常开展。

第三节　指标任务的完成

社会主义安全生产的第三种功效,就是保障指标任务的完成。

任何人类历史的第一个前提无疑是有生命的个人的存在,要保证个人乃至整个人类的存在,就必须要有足够的消费品,要得到消费品,就必须进行生产劳动,这是一般的社会常识。正如马克思所指出的:“不管生产过程的社会形式怎样,它必须是连续不断的,或者说,必须周而复始地经过同样一些阶段。一个社会不能停止消费,同样,它也不能停止生产。”(中共中央编译局,1975a)

现代文明、现代社会、现代生产都是建立在同一个基础之上的,就是机器生产。同以往手工劳动相比，机器生产的效率可以提高成千上万倍，正如恩格斯所指出的，大工厂生产能够“用机器代替手工劳动并把劳动生产率增大千倍”。(中共中央编译局，1958a)

用机器生产可以将劳动生产率增大千倍，这当然是人类智慧和力量的体现，是人类的福音；但另一方面，则反映出人类对机器的依赖，机器在生产运行中出现故障、发生事故最直接的后果，就是机器设备毁坏、人员伤亡，以及原先计划的指标和任务不能顺利完成。因此，机器设备安全与否、运转正常与否，关系着各种产品的顺利产出，关系着任务指标的圆满完成，关系着整个社会的正常运行。抓好社会主义安全生产，保证机器设备的完备，保证生产作业正常有序进行，才可能完成各个企业、各行各业乃至全社会各项预计的生产指标和任务。

现代企业的生产过程，是劳动者运用机器设备对原材料进行加工、使之成为产品的过程，如果没有人们有组织的劳动，即使拥有再先进的机器设备、再优质的原材料，也不能将产品生产出来。为了保证企业的正常生产经营，不断提高劳动生产率，就必须科学合理地组织人力、物力、和财力，不断提高劳动组织水平，这就离不开劳动定额；而要完成劳动定额和生产指标，没有安全生产是不可想象的。

劳动定额在企业的各种技术经济指标中占有十分重要的地位，它是组织集体生产劳动和进行分配的依据。列宁曾指出，社会主义工业企业应当“提高劳动定额，而且无论如何要设法完成定额”。(中共中央马克思恩格斯列宁斯大林著作编译局，1958b)

劳动定额是指在一定的生产技术组织条件下，对生产合格产品或完成一定的生产任务预先制定的必要劳动消耗量标准，劳动定额是制定劳动生产率计划和职工人数计划、改善企业劳动组织、确定人员劳动报酬的依据和基础。在社会主义初级阶段，劳动定额作为一种标准，具有一定的强制性，是衡量生产者劳动成果的客观尺度和规范。

劳动定额和各项生产经营指标的圆满完成，需要诸多方面的条件，显然，安全生产是必不可少的一个重要条件。

要完成劳动定额和各项既定生产任务，必须保证劳动资料的安全；如果生产事故不断，劳动资料受到损害，生产将无法进行，定额将无法完成。

机械设备是现代工业生产的物质技术基础，是劳动资料的主体，企业生产全过程均与设备紧密相连。产品的生产、质量的优劣、消耗的大小、交货期的长短，在很大程度上都受机器设备状态的影响。越是现代化的企业、现代化的生产，机器设备的作用就越大，其对劳动定额完成与否起着决定性的作用。发生事故，损坏机械设备，生产就会中断，定额无法完成。

1993年3月10日，浙江省宁波市北仑港发电厂一号机组发生特大锅炉锅膛爆炸事故，造成23人死亡、8人重伤、16人轻伤，直接经济损失778万元。然而，更大的影响接踵而来——这套机组停运修复用了132天，少发电近14亿度，造成当地供电紧张，致使这一期间宁波地区的工业停三开四，杭州地区停二开五，浙江省的工农业生产都受到影响，造成了很大的间接损失。

发电机组的一个锅炉爆炸，居然在132天时间内影响了宁波、杭州两地的工业用电，进而影响浙江省的工农业生产，可见生产安全事故对完成劳动定额的影响有多大。

要完成劳动定额和各项既定生产任务，必须保证劳动者的安全，如果生产事故不断，导致职工死亡或受伤，生产将无法进行，定额将无法完成。

2012年3月28日，华晋焦煤公司王家岭矿"3·28"特别重大透水事故发生后，有关各方奋战八天八夜，被困井下的153人中，有115人生还，38人不幸遇难。发生事故后，对企业和地方政府而言，最为重大和紧迫的工作就是紧急组织动员各方力量抢救处于危险状态中的人员，其他所有工作都要为此让路，此后还有调查事故原因、处分责任人员、恢复重建生产设施、安抚受伤害人员及其亲属等诸多工作，原来的劳动定额的完成将会无限期推迟。

要完成劳动定额和各项既定生产任务，就必须保证工厂企业的存在；如果一个工厂企业破产倒闭，已经不存在了，就无所谓指标定额的完成。

1994 年 6 月 23 日，天津市铝材厂由于没有抓好安全生产工作，发生盐浴炉爆炸事故，10 人死亡、8 人重伤、57 人轻伤，直接经济损失 934 万元，厂房成为一片废墟。由于经济损失巨大，生产无法恢复，到期债务无法偿还，于 1996 年 9 月 18 日宣告破产。

没有安全生产，企业就无法生存，劳动定额已经不复存在，更谈不上完成。

要完成劳动定额和各项既定生产任务，必须保证生产的安全平稳运行，对于煤炭等高危行业来说更是如此。一旦发生生产安全事故，有可能在一定范围内对该行业进行停产检查整顿，生产将无法进行，定额将无法完成。请看报道。

连续发生安全事故　四川各类小煤矿一律停产

新华社成都 5 月 21 日电(记者　田刚)　鉴于连续发生几起重、特大煤矿生产安全事故，四川省政府昨夜发出紧急通知，要求全省各类小煤矿全部停产整顿，全省煤矿行业安全检查已经展开。

四川省政府的紧急通知要求，全省所有各类小煤矿，从即日起一律无条件停产整顿，凡不按照要求停产的，不仅要追究业主和经营者的责任，而且要追究当地分管领导和主要领导的责任。对大型煤矿，要逐矿逐井检查安全生产措施落实的情况，排除隐患，认真整改，凡安全生产措施不落实的也要立即停产整顿。认真贯彻“安全第一，预防为主”的方针，对可能发生的重特大事故，要制定处置预案，一旦发生重特大事故，各地分管领导及主要领导要及时赶到现场，组织施救，同时要确保施救人员安全，避免再次发生人员伤亡。

据悉，四川省政府组成的8个煤矿安全生产工作组，今天已奔赴全省各重点地区进行明察暗访，以确保安全生产措施迅速落实到基层。

新华社2001年5月21日播发

在激烈的市场竞争环境下，任何企业要赢得竞争的主动，都必须制订相应的生产、经营、科研、销售计划，并按计划组织开展各项活动。无论是站队班组还是岗位职工，要维护正常的生产经营秩序，就必须遵照相应计划的安排，明确劳动定额和任务指标，使各项生产按部就班有序进行，这只有在安全得到保障的情况下才能实现。可以说，指标定额的完成，系于安全生产，成于安全生产。

第四节　形象声誉的完美

社会主义安全生产的第四种功效，就是保障形象声誉的完美。

随着信息时代的到来，人类社会开始迈向一个形象制胜的新的时代，形象在经济社会发展中的作用越来越大，影响越来越广，地位越来越高；而安全，则是塑造和维护良好形象的重要保障。

安全生产工作的好坏，同形象和声誉有着十分紧密的联系——它关乎国家和地区的形象声誉，关乎行业和企业的形象声誉，也直接关乎个人的形象声誉。在当今风险社会，要拥有完美的形象和声誉，就必须抓好社会主义安全生产。

拥有一个良好的形象和声誉，无论是对于个人、团体、企业还是对于国家，都是十分重要的。

真善美历来是人们所热切向往和积极追求的，而且人们对于真善美的追求还是没有止境、没有界限的，不仅在生活中追求美，而且在生产中也追求美。我国第一座万吨水压机在设计时就提出要达到“五好”，就是好用、好造、好装、好修、好看。第五条要求“好看”，就是满足人们在审美方面的要求。

美随着人而产生，伴随人而存在，人创造了美，美又给人以精神上的愉悦和激励。人人都热爱美、向往美、追求美，离不开美。正如梁启超所说："我确信'美'是人类生活的一大要素，或者还是各种要素中之最要者，倘若在生活全部内容中把'美'的成分抽去，恐怕便活得不自在，甚至活不成。"由此可见，美在人类生活中的重要地位。

随着社会的发展进步和人们生活水平的提高，个体的人乃至全社会对美的要求也越来越高、越来越多，美已经成为整个社会片刻不能离开的一个重要因素。不够美的想要变美，已经美的想要更美，早已成为一种不可逆转的潮流。

马克思指出："动物只是按照它所属的那个种的尺度和需要来建设，而人却懂得按照任何一个种的尺度来进行生产，并且懂得怎样处处都把内在的尺度运用到对象上去。因此，人也按照美的规律来建造。"（中共中央编译局，1979）

人们按照美的规律建造，不断认识美、创造美、发展美、享有美，同时也在追求着更加丰富多彩和层次更高的美。美好的形象和声誉，就是社会美中较高层次的美；要实现它，抓好社会主义安全生产是必不可少的——只有首先实现安全生产，然后才能创造美、维护美；一旦发生事故，就必然走向美的反面——破坏美、毁灭美。

安全生产工作抓得好坏，关系到企业的社会形象和声誉，关系到企业的发展和壮大。

2016年4月25日，国家安全生产监督管理总局、中共中央宣传部、教育部等八部门联合印发《关于加强全社会安全生产宣传教育工作的意见》，指出："使企业将安全生产作为第一责任、第一效益、第一品牌和最核心的竞争力，引导全社会深刻认识安全生产就是保生命、保健康、保幸福，进一步营造安全生产人人有责、安全生产从我做起的良好氛围。"

当今世界经济的发展已经进入品牌竞争、名牌横行的时代，品牌决定了一个国家、地区和企业在全球范围内整合利用资源、谋求更多利益的能力，在这样的背景下，品牌影响力已经上升到国家层面——品牌强，则国际竞争力强；品牌弱，则国际竞争力弱。

关于品牌的重要性，邓小平同志早在1992年就指出："我们应该有自己的拳头产品，创造出自己的世界品牌，否则就要受人欺负。"

江泽民同志题词："立民族志气，创世界名牌。"

温家宝同志指出，拥有名牌的多少，是一个国家经济实力的象征。品牌就是质量，就是效益，就是竞争力，就是生命力。

20世纪90年代以来，国家对创建和发展名牌工作日益重视。1996年12月，国务院印发《质量振兴纲要(1996年—2010年)》，明确提出："实施名牌发展战略，振兴民族工业。鼓励企业生产优质产品，支持有条件的企业创立名牌产品。国家制订名牌发展战略，鼓励企业实行跨地区、跨行业联合，争创具有较强国际竞争能力的国际名牌产品。"

1997年2月，国家经济贸易委员会、国家质量技术监督局联合发布《关于推进企业创名牌产品的若干意见》，表明名牌战略正式纳入我国政府战略管理轨道。

2002年11月中国共产党第十六次全国代表大会明确指出，鼓励和支持有比较优势的各种所有制企业对外投资，带动商品和劳务出口，形成一批有竞争力的跨国企业和著名品牌。

随着经济社会的持续发展和人民生活水平的日益提高，广大社会公众对生活质量的要求也在提高，对生产、生活、生存领域安全、健康的需求正在逐步增加，人们对安全的重视上升到前所未有的高度。在这种情况下，某个产品的安全性能以及某家企业的安全形象，就成为市场竞争的有力武器。安全工作开展得好，在社会公众面前展示的安全形象好，这一企业及其产品就容易被社会公众接受；反之，如果一家企业经常发生生产安全事故，其安全形象不好，就很难得到社会公众的认可。在商品日趋丰富的社会中，选择哪个公司的产品很大程度上取决于企业形象。《欧盟委员会工作安全卫生新战略

(2002—2006)》指出:“安全健康的工作环境会有助于树立公司的良好形象,有助于提高公司的绩效和竞争力。”

2011 年 11 月 7 日,美国雪佛龙石油公司在巴西里约热内卢州的坎波斯湾弗拉德油田钻井时,突然遇到地下无法控制的超大压力,蕴藏在海底的油气流出来,泄漏到大西洋海域并在海面形成大面积的油花污染,一个月后溢油问题仍没有完全解决。漏油事故在巴西引起强烈反响,坎波斯联邦检察院在 2011 年 12 月要求雪佛龙公司中止在巴西的石油钻井作业,并要求其为石油泄漏事故支付 200 亿雷亚尔(约合 107 亿美元)的赔偿。

安全生产工作抓得好坏,还关系到个人的形象和声誉,关系到个人的前途和命运,无论是领导干部还是普通劳动者,都是如此。

国外许多国家对安全生产工作的责任追究十分严厉,发生生产安全事故,负有领导责任的人将会身败名裂。

韩国首尔圣水大桥是横跨汉江的一座桥梁,大桥全长 1160 米,1977 年开工建造并于两年后落成。1994 年 10 月 21 日,已经通车 15 年的圣水大桥随着一声巨响,一块长达 48 米的桥板从大桥中段落入江中,6 辆汽车包括一辆载满学生及上班族的巴士和一辆载满警员前往庆祝会场地的客货车跌进汉江,导致 32 人死亡,17 人受重伤。

圣水大桥坍塌事件震动了韩国。当时的韩国总统金泳三称这是一场“灾难”,他解除了市长李元钟的职务,随后公开向全国人民道歉。韩国国会因此召开紧急会议,强烈谴责这一劣质工程的承建者、建筑行业的腐败行为及政府对国家投资工程缺乏有效的监督和检查。韩国总理李荣德召集内阁紧急会议后,向金泳三总统递交了辞呈,以示承担圣水大桥坍塌事件的责任。韩国执法机关逮捕了 7 名首尔的建筑官员,检察官指控他们犯有玩忽职守、过失杀人罪。

随着我国经济社会的持续发展,安全生产的作用和影响越来越大,社会各方对安全生产的要求越来越高,各级领导者的安全生产职责也越来越重。只有严格履行安全生产职责,确保一方平安,才能树立领导者个人的良好形象。

无论是党政机关还是企业的领导者，其重要职责之一就是确保所负责区域和管理范围的平安稳定，履行不好这一职责将会受到相应处罚，这就直接影响其形象声誉和发展前途。

1986年10月13日，时任上海市市长的江泽民同志在上海市消防工作会议上指出："由于你的失职引起火灾，这是对人民对国家犯罪的行为……真正由于责任事故造成火灾，损失严重的，还要追究刑事责任。"

1986年12月23日，江泽民同志在上海市安全生产工作会议上指出："作为一个厂长、经理，根据安全生产责任制的要求，应对全厂工作负总的责任。对于这一点，我认为不能只讲讲而已，今后一定要根据中央和国务院的有关规定执行，出了事故，要查找领导责任，该处分的要处分，严重的负有刑事责任的，要依法处理，决不允许把工人的生命安全置于不顾的现象再存在下去。"

1994年12月24日，江泽民等中央领导在北京同各省、自治区、直辖市党委主管政法工作的负责同志和政法委的负责同志，中央政法委员会委员，中央、国家机关有关部门和解放军各大单位的负责同志，中政委机关有关同志等进行座谈。江泽民指出："不能保一方平安的领导，不是称职的领导。各级政府和公安机关还要把预防发生特大火灾等严重治安和灾害事故作为自己的重要工作。要经常进行认真负责的安全检查，发现违反规定的就要重处、重罚，直至给予直接责任人和主要领导以党纪、政纪或刑事处分，这是对人民负责，决不能含糊。"

1996年12月26日，中共中央政治局委员、国务院副总理吴邦国在全国安全生产工作电视电话会议上指出："我要特别强调，企业要落实全员安全生产责任制。以企业法人为第一责任人的全员安全生产责任制，是多年来企业安全生产工作经验的总结，是行之有效的制度。企业要明确制定出领导、职能部门、工程技术人员和工人的安全生产责任制，做到责任明确、落实到位、奖罚分明，实现横向到边、纵向到底的全员责任制。”

我国《安全生产法》第八十七条对有关责任人员承担法律责任作了明确规定：负有安全生产监督管理职责的部门的工作人员，有下列行为之一的，给予降级或者撤职的处分；构成犯罪的，依照刑法有关规定追究刑事责任：①对不符合法定安全生产条件的涉及安全生产的事项予以批准或者验收通过的；②发现未依法取得批准、验收的单位擅自从事有关活动或者接到举报后不予取缔或者不依法予以处理的；③对已经依法取得批准的单位不履行监督管理职责，发现其不再具备安全生产条件而不撤销原批准或者发现安全生产违法行为不予查处的；④在监督检查中发现重大事故隐患，不依法及时处理的。负有安全生产监督管理职责的部门的工作人员有前款规定以外的滥用职权、玩忽职守、徇私舞弊行为的，依法给予处分；构成犯罪的，依照刑法有关规定追究刑事责任。

发生责任事故，事故责任人必将受到惩处，此前所塑造的良好形象就会因此而毁于一旦。请看报道。

五起重特大事故调查处理结果公布
183名责任人受查处

本报北京1月22日电(记者　王炜)　在今天举行的国务院新闻办新闻发布会上，国家安全生产监督管理总局局长李毅中公布了由国务院事故调查组调查结案的5起重特大生产安全事故的调查处理结果，经认定，5起事故都属于重特大责任事故。

这5起事故分别是：2007年8月13日湖南省凤凰县堤溪沱江大桥特别重大坍塌事故，死亡64人；2007年5月5日山西省临汾市蒲县蒲邓煤矿重大瓦斯爆炸事故，死亡28人；2007年4月18日辽宁省铁岭市清河特殊钢有限公司钢水包倾覆特别重大事故，死亡32人；2006年11月12日山西省晋中市灵石县王禹乡南山煤矿特别重大火灾事故，死亡34人；2005年3月17日江西上饶道路交通黑火药爆炸特别重大事故，死亡31人。这5起事故共造成189人死亡，直接经济损失7676.24万元。

根据相关法律法规的规定，监察部会同有关部门严肃查处了相关责任人。据监察部副部长王伟介绍，5起事故中，共查处有关责任人183人，其中移送司法机关处理78人，山西临汾蒲县蒲邓煤矿总经理、副总经理被判处无期徒刑。给予党纪政纪处分105人，在受到党纪政纪处分的人员中，有地(厅)级干部7人，县(处)级干部32人。

据介绍，监察部、公安部、司法部、安监总局、最高人民法院和最高人民检察院等六部门已经组成了重特大生产安全事故责任追究沟通协调工作部际联席会议。今后还将进一步加大对事故背后腐败问题的查处力度。如湖南省凤凰县堤溪沱江大桥坍塌事故，已初步查明湖南省湘西土家族苗族自治州交通局、公路局等部门的有关人员在工程建设中存在收受贿赂等严重违法违纪问题。有关责任人员均已移交司法机关，目前此案正在进一步调查处理中。

原载2008年1月23日《人民日报》

为了加强地方各级党委和政府对安全生产工作的领导，促进各级党政领导干部履职尽责，落实好安全生产责任制，2018年4月，中共中央办公厅和国务院办公厅印发《地方党政领导干部安全生产责任制规定》，对地方党政领导干部落实安全生产责任制作了明确规定，使党政领导干部的前途和形象同其安全履职情况更加紧密地联系在一起。为了更好地承担安全责任，各级领导干部应当大力加强对安全生产和职业健康知识的学习，不断提高自身安全生产和职业健康管理能力，做到安康兼备，这样才能更好地保一方平安。

安全生产工作的好坏，关乎国家和地方的形象声誉，关乎行业和企业的形象声誉，关乎个人的形象声誉，对国家的发展、地方的繁荣、企业的振兴、个人的成长都有着巨大的影响。安全工作抓得好，就有利于塑造良好形象、促进发展，反之将会损害形象、阻碍发展，这是一目了然的。在经济全球化的形势下，发生重大恶性事故，影响形象，还将迅速被扩散到全世界，其损失将会进一步扩大。所有这些都启示我们，社会主义安全生产工作的好坏关系形象声誉，关系前途命运，必须全力抓好。

第五节　社会责任的完全

社会主义安全生产的第五种功效，就是保障企业履行社会责任的完全。

改革开放以来，我国经济发展迅速。2010 年，我国的 GDP 占世界的 9.3%，超过日本成为世界第二大经济体；2015 年，我国的 GDP 占世界比重上升到 15.5%。根据世界银行公布的收入分组标准，2010 年我国实现了从中等偏下收入水平到中等偏上水平的跨越。

然而，在我国经济的高速发展背后，各类发展后遗问题逐渐显现，如经济粗放、创新力不足、能源消耗巨大、环境破坏严重、生产安全事故时有发生、市场信用遭遇挑战、劳动者和消费者权益保护问题日益凸显等。这些问题正迫使我国调整经济发展政策和方向，转变经济发展方式。作为经济社会最具活力和实力的组织，企业积极履行社会责任，实现经济、社会、环境和自身的可持续发展，已成为当前全社会的普遍共识和迫切需要。

企业社会责任活动的出现和兴起是时代进步的产物，是社会和企业的双向需求。经济的发展和社会的进步呼吁企业承担相应的社会责任，同时企业拥有相应的人力、物力、财力，具有承担社会责任的条件。企业的利润来自社会，理应回馈社会对企业发展的支持。

世界各国企业发展的历史表明，自 20 世纪初以来，企业将自身生产经营活动所产生的一些内部成本转嫁给社会，造成了工人劳动条件趋于恶化、环境污染不断扩大等诸多社会问题。这不但危害了企业自身的长远发展，而且最终严重影响到社会的安定有序——社会责任正是由此应运而生，强制性要求企业所带来的社会成本重归企业自身加以解决。

历史与现实都说明，社会责任是企业、社会与国家实现良性互动的桥梁，是达到三者互利共赢的重要途径，更是构建社会主义和谐社会的关键因素之一。

一些国际组织对推进企业社会责任十分重视，并成立相关机构和组织，企业社会责任工作已在全球迅速扩展。

1995 召开的联合国社会发展世界问题首脑会议上，联合国秘书长加利提出了“社会规则”“全球契约”的设想。1999 年 1 月在达沃斯世界经济论坛年会上，联合国秘书长科菲·安南提出“全球契约”计划，并于 2000 年 7 月在联合国总部正式启动。“全球契约”计划号召各公司遵守在人权、劳工标准、环境及反贪污方面的十项基本原则。安南向全世界企业领导呼吁，遵守有共同价值的标准，实施一整套必要的社会规则即“全球契约”。

安南的建议不仅得到发达国家和国际工会组织的坚决支持，而且取得了企业界和国际雇主组织的积极响应。一些大型跨国集团公司开始行动起来，倡导承担社会责任，与工会组织签订以基本劳工标准为核心内容的全面协议，开展社会认证活动。2000 年 7 月，世界 50 家大公司的代表会见安南，表示他们支持“全球契约”，国际雇主组织也承诺举办区域研讨会推行“全球契约”。

企业社会责任问题越来越受到国际社会的关注，许多跨国公司纷纷制定社会责任生产守则，发布社会责任报告或可持续发展报告，出现了企业积极履行社会责任的全球性新趋势；而履行社会责任，首要的就是要抓好安全生产工作。

坚持安全第一早已得到了企业的认可和劳动者的支持，现在，重视安全又体现在履行社会责任方面。

于 2001 年起实施的社会责任标准 SA8000，是全球首个道德规范国际标准，在其“社会责任要求”部分专门提出了“健康与安全”，规定："公司出于对普遍行业危险和任何具体危险的了解，应提供一个安全健康的工作环境，并应采取必要的措施，在可能条件下最大限度地降低工作环境中的危害隐患，以避免在工作中或由于工作发生或与工作有关的事故对健康的危害。"

我国对于企业履行社会责任大力支持。2005 年 10 月 27 日，第十届全国人民代表大会常务委员会第十八次会议修订，于 2006 年 1 月 1 日起施行的《中华人民共和国公司法》第五条规定：公司从事经营活动，必须遵守法律、行政法规，遵守社会公德、商业道德，诚实守信，接受政府和社会公众的监督，承担社会责任。

2013 年 12 月 18 日，企业可持续竞争力年会在北京举行。会议认为，社会责任的研究与实践不能仅限于履行社会责任报告的编制发布，更应该着眼于社会责任管理的规划、指标体系的研究、与利益相关方的沟通，并将社会责任的理论研究、实践融入企业运营管理当中。

2014 年 6 月发布的《中国企业社会责任评价准则》，包括 10 个一级评估标准，即法律道德、质量安全、科技创新、诚实守信、消费者权益、股东权益、员工权益、能源环保、和谐社会和责任管理，并有 63 个二级和三级评价标准。其中"质量安全"部分的具体要求包括：高度重视产品质量和安全生产管理，建立有相应制度，始终坚持提供合格产品；安全生产始终如一；企业没有出现过严重的产品质量事件和安全事故。

无论是 SA8000，还是《中国企业责任评价准则》，都提出了安全方面的要求，这不是一种偶然，反映出安全生产在当今社会的重大作用和重要地位，也反映出安全生产已经成为企业社会责任的重要组成部分。

随着经济社会的持续发展和以人为本理念的深入人心，我国对安全生产工作越来越重视，对企业安全生产的要求越来越高。

中国的企业履行好社会责任，尤其是抓好安全生产工作，不仅是自身做大做强的需要，还有着特殊的社会意义和政治意义。

工人阶级是发展中国特色社会主义的主力军，是物质财富和精神财富的主要生产者和创造者。工厂企业是产业工人最集中的地方，也是工人阶级力量最强大的地方。抓好工厂企业的安全生产，其意义决不仅限于保障产品的正常产出、财富的持续增加，决不仅限于保障企业职工的安全健康，而是对工人阶级的保护和尊重，是对工人阶级和广大劳动群众的经济、政治、文化等权益的维护，是对发展中国特色社会主义伟大事业的有力支持。因此，抓好企业安全生产，从微观上讲，是对企业职工群众的保护；从宏观上讲，是对我国工人阶级的保护，其意义就不是一般的履行企业社会责任，而是在保护党的阶级基础、巩固和发展中国特色社会主义，具有十分重大的政治意义。

1996 年 12 月 11 日，胡锦涛同志在全国国有企业党的建设工作会议上指出："工人阶级是先进生产力和生产关系的代表，是改革、发展的主力军和保持社会稳定的中坚力量，是党和国家政权最重要的阶级基础。因此，我们党一贯坚持全心全意依靠工人阶级这条根本指导方针……企业是工人群众最集中的地方。在国有企业里，职工既是国家的主人，也是企业的主人，更应当坚决执行这一方针。"（中共中央文献编辑委员会，2016）

所有这一切都是建立在抓好安全生产、保障企业职工生命安全和身体健康的基础上的。可以说，维护安全健康、保障职工权益是企业履行社会责任的底线。请看报道。

第八届中国·企业社会责任国际论坛落幕
保障职工权益是企业履行社会责任的"底线"

本报北京 1 月 23 日电（记者　张锐） 责任进化的挑战与经济下行压力并行，如何重新审视和坚守企业社会责任底线？1 月 23 日，在第八届中国·企业社会责任国际论坛暨 2012 最具责任感企业颁奖典礼上，中华全国总工会提出主张——保障职工合法权益是企业履行社会责任的根本，更是“底线”。全国政协副主席厉无畏出席论坛。

此次论坛以“责任进化：底线的挑战”为主题，来自有关部委的领导、学者和企业家共同聚焦社会责任展开对话，探讨企业新时期履责之道，助力实现更具责任、更美好的中国未来。

全总副主席、书记处书记张鸣起在论坛讲话中指出，职工是企业最宝贵的财富，任何企业的健康可持续发展，都必须建立在依靠职工，充分发挥职工积极作用的基础上。遵守法律规定，将劳动者的各项法定权益落在实处，是企业履行社会责任的基础，是不可逾越的底线。“主动、依法、科学维权”是中国工会确立和坚持的中国特色社会主义工会维权观。多年来，各级工会在推动和积极参与劳动立法，推动贯彻实施劳动法律法规，大力开展困难职工帮扶工作等方面做出了积极努力，推动企业积极履行社会责任，协助建立企业责任底线，并督促企业守住这一底线。党的十八大对保障和改善民生提出了新的更高的要求，这也是对推进企业社会责任工作的新的更高的要求，希望各界携手努力，推进企业社会责任工作取得越来越重大的成就。

中国·企业社会责任国际论坛由中国新闻社等主办，迄今已举办八届，推动企业社会责任理念的普及和发展，聚焦推动可持续发展的经济社会创新模式，成为政府、学界与企业重要的“责任沟通”平台。

论坛上，国家开发银行、中国工商银行、中国石油、中国石化等15家企业获得“2012最具责任感企业”称号。

原载2013年1月24日《工人日报》

当前，我国正处于工业化、城镇化迅速发展进程中，处于生产安全事故易发多发的高峰期，安全生产形势依然严峻，每年各种生产安全事故对职工的安全健康和物质利益造成重大损害，这同工人阶级作为我国领导阶级的地位是不相称的，同工人阶级作为社会财富的主要创造者的地位是不相称的。抓好安全生产，确保广大劳动者乃至整个工人阶级的安全健康，正是企业履行社会责任的体现，其意义也比履行其他社会责任的意义更加重大。

早在1963年，国务院颁布《关于加强企业生产中安全工作的几项规定》指出："做好安全管理工作，确保安全生产，不仅是企业开展正常生产活动所必需，而且也是一项重要的政治任务。"1978年，中共中央印发《关于认真做好劳动保护工作的通知》指出："加强劳动保护工作，搞好安全生产，保护职工的安全和健康，是我们的一贯方针，是社会主义企业管理的一项基本原则。"

企业是工人群众最集中的地方，同时工厂企业又是和平建设环境中风险隐患最多、危险程度最大的地方。抓好安全生产，确保工人群众的生命安全和身体健康，也就有了特殊重大的意义。保护广大职工、劳动者就是在保护我们国家的领导阶级，就是在保护改革、发展的主力军和保持社会稳定的中坚力量，就是在保护党和国家政权最重要的阶级基础，其重大意义不言而喻。

第六节　人际关系的完好

社会主义安全生产的第六种功效，就是保障人际关系的完好。

人际关系也叫人群关系，是人们在进行物质交往和精神交往过程中发展和建立起来的人和人之间的关系。

不管什么人，既要同自然界发生关系，又要同社会发生关系。离开自然界，人无法生存，离开社会，人也将不成其为人。人同社会的关系，归根到底是人与人之间的关系，这种关系就是社会关系。所谓社会关系，就是人们在共同的实践活动中形成的相互关系的总称，包括人们在社会生产中结成的相互关系即生产关系；以及建立在生产关系基础之上，并由生产关系决定其性质的政治的、法律的、道德的、宗教的、艺术等的关系。

人际关系是每个人都需要的。古希腊著名哲学家亚里士多德在《政治学》一书中指出，一个生活在社会之外的人，同其他人不发生关系的人，不是动物就是神。人与人之间的各种关系纵横交织形成一张庞大的社会之“网”，人人都在社会关系的“网”中，摆脱不了。因此，人际关系对每个人来说都很重要，人际关系的好坏关系到个人的形象、威信，也关系到一个人社会价值的大小和个人理想的实现。

马克思指出：“由于他们的需要即他们的本性，以及他们求得满足的方式，把他们联系起来（两性关系、交换、分工），所以他们必然要发生相互联系。”（中共中央编译局，1960）

人类社会的最初产生就是人们相互之间频繁交往的结果，其中生产劳动则是最基础、最直接、最广泛的交往的领域。在长期的共同生产劳动中，人们形成了互相依赖、互相支持、互相帮助的协作关系，在如今社会化大生产条件下，人与人、人与社会之间的联系更加紧密，个人对他人、对集体、对社会的依赖更加强烈，人和人之间的协作关系也更加巩固，人际交往更加频繁，更加重要，良好的人际关系对于维护社会的和谐稳定和正常运行都发挥着不可替代的重大作用。而要保障人际关系的良好，离不开安全生产。

1990 年 5 月 18 日，中共中央政治局常委、全国政协主席李瑞环在中国职工思想政治工作研讨会第六次会议上指出：“在社会主义制度下，人民群众的根本利益是一致的，这就决定了人与人之间应该是诚恳宽厚、平等互助、团结友爱、和谐融洽的新型关系。尊重人、理解人、关心人，是社会主义新型人际关系的一个重要表现，也是建设社会主义新型人际关系的一个基本方法。”

建立平等、互助、团结、和谐的新型人际关系，有利于人的全面发展和人生价值的实现，也有利于社会发展和文明进步。

一个人存在于社会上，应当对社会创造一定的价值，这样的人生才有意义。要对社会作出贡献，实现自身的人生价值，唯一途径就是参加劳动，而且是有许多人参加的共同劳动、集体劳动。随着科学技术的进步和经济社会的发展，劳动的社会化程度日益加强，相应的整个社会生产的分工协作更加紧密。所谓劳动的社会化，就是使劳动过程从一系列的个人行动变成一系列的社会行为，使生产资料、劳动产品变成由许多人共同使用、共同劳动的结果。

劳动的社会化使分工协作更加紧密，必须使生产过程加强联系和合作，在更高的基础上进行综合和结合，这就促使广大劳动者之间支持帮助更加频繁，交往交流更加深刻，使他们的人际关系更加紧密。

同样由于科学技术的进步和人们生活水平的提高，现代化的通讯和交通工具日益普及，人与人的交往范围不断扩大，这种人际交往又经常地发生在社会公共生活领域，表现为个体与社会前所未有的紧密联系。

以上两方面情况，使良好的人际关系成为影响个人发展成长、企业发展壮大、社会发展进步的重要因素，对整个社会提出了建立和维护良好人际关系的重要任务；完成这项任务，离不开安全生产。

安全生产对维护平等、互助、团结、和谐的新型人际关系的阻碍和破坏，表现在两方面，一是发生生产安全事故，二是职业病，无论哪种情况，都将破坏人际交往中的平等原则和互利原则，致使人际关系紧张甚至破裂。

发生生产安全事故，将会导致人员伤亡，这就直接破坏原先正常的人际关系。

1994年12月8日，新疆维吾尔自治区教委“两基”(基本普及九年义务教育，基本扫除青壮年文盲)评估验收团到克拉玛依市检查工作，市教委组织中小学生在友谊馆为验收团举行汇报演出，光柱烤燃纱幕引起大火，导致325人死亡，其中288人是中小学生，并有132人烧伤致残。此后，有许多孩子在这场灾祸中不幸遇难的家庭搬离了克拉玛依市，离开了让他们悲痛一生的地方。

2014 年 11 月 26 日，辽宁省阜新矿业集团公司恒大煤业有限公司发生重大煤尘爆燃事故，造成 28 人死亡，50 人受伤，直接经济损失 6668 万元。11 月 28 日，辽宁省总工会领导专程慰问“11·26”矿难职工家属。请看报道。

辽宁省总工会领导慰问“11·26”矿难职工

本报阜新 11 月 28 日电(顾威　记者　刘旭)　辽宁省委常委、省总工会主席赵国红今日上午来到阜矿集团恒大煤业公司慰问“11·26”矿难职工，送来慰问金 50 万元，还去平安医院看望了受伤职工。

在恒大煤业公司会议室，赵国红等首先起立，向死难职工默哀。

辽宁省总工会一直非常关注此次矿难。11 月 26 日，省总接到通知后，省总副主席李景涛、劳动保护部部长刘树存等迅速赶赴阜新，参与矿难调查处理工作。辽宁省共成立了 4 个工作组，工会参与到事故调查综合组、技术组、管理组 3 个组。劳动保护部部长刘树存还下到井下，了解事故发生原因。

此次矿难已造成 26 人死亡，52 人受伤，其中 18 人重伤。赵国红叮嘱相关人员，一定要全力以赴做好救治工作，减轻受伤职工病痛，让他们早日康复。同时，要做好死亡职工善后处理工作，按规定给予补偿。

26 个家庭的“顶梁柱”倒了，主要生活来源没了，工亡家属的生活将发生困难。赵国红要求阜新市总工会要给予这些家庭更多、更长远的关注，把他们纳入工会生活保障范围，解决好他们子女就学、就业等问题。赵国红说，“两节”就要到来，这些家庭不比往年，工会要多给他们一些温暖，减轻他们失去亲人的痛苦。

赵国红还专程到医院看望了受伤职工，向住院治疗职工周宾、陈忠武等了解治疗情况、身体恢复情况，告诉他们医院已经采取的治疗措施，给他们送去了关心和安慰。

在慰问金捐赠仪式上，阜新市总工会捐赠了20万元。

原载2014年11月29日《工人日报》

正如报道中所说，26个家庭的"顶梁柱"倒了，主要生活来源没了，死者家属的生活将发生困难；更重要的是，死者家属还将在未来几十年间持续承受失去亲人的巨大痛苦。在这种情况下，这26个家庭中的上百名家属的生活还会同以前一样吗？同周围邻居、朋友、同事、领导等的关系还会同以前一样吗？

在生产安全事故中受伤致残者，无论是工厂企业里的劳动者还是其他群众，身体受到伤残，容貌受到影响，生产生活以及心理状况都会受到重大影响，其人际关系将难以保持正常。

现代社会人际关系的一个重要发展趋势，就是分散、孤立的人际关系正在被迅速打破，人与人之间的合作程度越来越高，合作频次越来越密。

人际合作程度的高低和合作关系的疏密，同社会化的程度紧密相关。在生产社会化程度低的时候，生产过程和社会分工简单，劳动者能够掌握较为全面的技术，这样的人对他人的依赖程度低，联系与合作也较少。当生产社会化程度高时，生产过程和社会分工复杂、精细，一个人如果不同越来越多的人进行越来越多的合作，将无法工作和生存。在奴隶社会，劳动协作是奴隶主强制进行的。在封建社会，小生产的劳动方式孤立而又分散，对合作的要求很低，人与人之间的协作很少。在资本主义社会，生产社会化的程度大大提高，人与人之间的劳动合作得到加强，但生产资料的私有制造成的资本主义人际利益的分裂性，使人际合作经常遭到破坏。社会主义社会将社会化大生产和生产资料公有制结合起来，要求人们进行更密切、更有效的合作，使社会主义人际关系的合作性大大增强。所以，人类社会越是向前发展，生产社会化的程度越高，人与人之间的合作和联系就越重要，抓好社会主义安全生产，保障人际关系的完好，就成为一个十分重大的社会任务。

第七节　生命健康的完整

社会主义安全生产的第七种功效，就是保障生命健康的完整。

抓好安全生产最重要、最根本的功效，是为了保障人的生命安全和身体健康，并进而保护作为万物之灵的人的智慧潜能，以促进人的全面发展。从"安全为了生产"到"安全为了人的生命"，不仅反映了对安全工作规律的认识在深化，更体现出以人为本已经成为全社会的共同追求。

进入21世纪以后，以人为本的理念得到全社会的普遍认同和落实，坚持以人为本就是要实现好、维护好、发展好最广大人民的根本利益，就是要把促进人的全面发展作为经济社会发展的最终目的，就是要保障人的生命安全和身体健康。

以人为本首先要以生命为本，科学发展首先要安全发展，和谐社会首先要关爱生命，已经成为全社会的共识。抓好安全生产，其根本目的就是为了保护劳动者和人民群众的生命安全和身体健康，同时也就保护了他们的智慧潜能，这样才能保持生命健康的完整。

要抓好安全生产，首先必须正确认识安全生产在人类社会发展中的极端重要性；要正确认识安全生产的极端重要性，就必须准确把握安全生产重于一切、高于一切、先于一切、胜于一切的地位，因为安全就是生命。随着人类文明的发展进步，关爱生命已经成为社会进步的重要标志，成为世界各国的普遍行动，从以下一些主题活动就可以看出这些国家对安全的重视和支持。

美国：每年6月20日至27日，美国安全工程师学会开展全国作业车间安全周活动；每年10月，美国国家安全委员会组织开展全美安全大会及展览会。

加拿大：每年6月，加拿大安全工程协会组织开展加拿大职业安全卫生周活动。

法国:从 2008 年 10 月开始,每年 10 月举办公共安全日活动。

日本:从 1927 年开始,在每年 7 月 1 日至 7 日开展全国安全周活动;从 1951 年开始,在每年 10 月 1 日至 7 日开展全国劳动卫生周活动。

韩国:每年 7 月 1 日举行全国安全日活动。

印度:从 1975 年开始,在每年 3 月 4 日举行全国安全日活动。

泰国:在 1986 年 6 月举办了首次安全周活动,并规定每年 6 月的第一周为安全周。

中国:1980 年到 1984 年,开展全国安全生产月活动;1991 年到 2001 年,开展安全生产周活动;2002 年至今,每年 6 月开展安全生产月活动。

不仅如此,联合国、国际劳工组织、世界卫生组织等国际组织对安全也高度关注,先后组织开展了相关活动。

1989 年,世界卫生组织在瑞典举行的第一届世界事故和伤害预防会议上,正式提出“安全社区”的概念,来自 50 多个国家的 500 多名代表通过了《安全社区宣言》,明确指出:“任何人都享有健康和安全的权利。”并确定,这一原则是世界卫生组织推进全人类健康及全球预防意外及伤害控制计划的基本原则。1991 年 6 月,世界卫生组织安全社区促进中心在瑞典举行了第一届国际安全社区大会,重点讨论了社区参与事故控制及意外伤害预防的重要性。

1996 年,国际自由贸易联盟发起了世界职业安全卫生日活动,以纪念由于工作而受伤或死亡的工人。2001 年 4 月,国际劳工组织决定,将 4 月 28 日作为职业安全卫生国际纪念日,并关注和支持世界各国在这一天开展相关纪念活动。当年 4 月 28 日,全球有 100 多个国家开展了纪念活动。同时,国际劳工组织还响应国际自由贸易联盟的号召,将 4 月 28 日定为联合国官方纪念日。

世界卫生组织将 2004 年 4 月 7 日的世界卫生日命名为“道路安全日”,主题是“道路安全,防患未然”。2007 年 4 月 23 日至 29 日,联合国举行了第一届“全球道路安全周”活动。

2010年3月，联合国大会通过决议，将2011年至2020年确立为“道路安全行动十年”，呼吁各成员国在“道路安全管理、增强道路和机动安全、增强车辆安全、增强道路使用者安全、交通事故后应对”五个方面开展工作，以减少道路交通伤害的死亡和残疾人数。

可见，重视和关爱人的生命早已成为人类共识，成为一种世界潮流。作为社会主义国家，要充分体现社会主义制度的优越性，就更应当抓好安全生产，保障劳动者和人民群众生命健康的完整。

在知识经济时代，抓好安全生产工作，保护好劳动者的身体健康，更有着特殊的重大意义，因为保护人的生命安全和身体健康，实际上也就保障了人的智慧和潜能，保障了人的全面发展的可能。

美国著名管理学家彼得·德鲁克指出：“在现代经济中，知识正成为真正的资本与首要的财富。”

1998年，世界银行发表的报告《知识促进发展》指出：“知识就像光一样，它无重量，不可触摸，却可以轻易地畅游世界，并给各地人民的生活带来光明。”报告认为，知识是经济增长和可持续发展的关键，而知识和知识创新能力的强弱则是发展中国家与发达国家的最大差距。

经济合作与发展组织在《以知识为基础的经济》专题报告中指出：“人类正在迈进一个以知识（智力、智慧）资源的占有、配置为基础，进行知识生产、分配、使用（消费）为重要因素的经济时代。”

在知识经济发展阶级，知识和技术成为一种革命性的力量，给传统意义上的劳动和资本增添了新的内涵。知识和技术提高了资本的力量，人力资本成为一切资本中最重要的部分。如今，脑力劳动大幅度地代替体力劳动，知识化、智能化劳动大幅度地代替非知识化和非智能化劳动，彰显了知识和智慧在经济社会发展中的决定性作用。

当今社会，经济发展越来越呈现出知识化、智能化态势，知识成为生产发展的最大动力，成为社会进步的最大源泉，人类正在进入“脑力产业”新纪元。人类的头脑和智慧已经成为经济社会发展的主宰，保护人类的头脑和智慧不受伤害，也就成为保障经济社会持续健康发展的首要前提，这显然离不开安全生产。抓好安全生产，首先保障人的生命安全和身体健康，同时也就保障了人的头脑，保障了人的智慧和潜能。

人的大脑具有极大的潜能，现在初步推测，一个人的脑子在一生之中能储存一千万亿信息单位。国外潜能研究专家和心理学家指出，人类潜能开发，即使是成就卓著的伟人，也只不过开发了极小的、微不足道的一部分。

苏联著名学者伊凡·叶夫雷莫夫认为："当代科学使我们对大脑的结构和功能有了一定的了解时，我们立刻为它的潜力之大而震惊万分。在通常的工作与生活条件下，人只用了他思维工具的一小部分……如果我们迫使头脑开足一半马力，我们就能毫不费力地学会40种语言，把《苏联百科全书》从头到尾背下来，完成几十个大学必修课程。"

美国心理学家威廉·詹姆士认为，一个正常健康的人，只发挥了其能力的10%，还有90%的潜力没有使用。美国人类潜能研究专家奥托在其发表的《人类潜在能力的新启示》一文中指出："据最近估计，一个人所发挥出来的能力，只占他全部能力的4%。我们估计的数字之所以越来越低，是因为人所具备潜能及其源泉之强大。根据现在的发现，远远超过我们10年前，乃至5年前的估测。"

人或者说人的大脑，为什么具有如此巨大的潜能呢？这是由大脑的特殊结构所决定的。人类潜能的无穷之大，使许多有见地的科学家对人类潜能远远未能开发发出无限感慨，大声疾呼加速开发人类的潜能。

按照辩证唯物主义的观点，人的认识能力既是有限的，又是无限的。恩格斯指出："一方面，人的思维的性质必然被看作是绝对的，另一方面，人的思维又是在完全有限地思维着的个人中实现的。这个矛盾只有在无限的前进过程中，在至少对我们来说实际上是无止境的人类世代更迭中才能得到解决。从这个意义来说，人的思维是至上的，同样又是不至上的，它的认识能力是无限的，同样又是有限的。按它的本性、使命、可能和历史的终极目的来说，是至上的和无限的；按它的个别实现和每次的现实来说，又是不至上的和有限的。”(中共中央编译局，1972a)恩格斯指出，认识能力的这种无限性和有限性的矛盾，是所有智力进步的主要杠杆。

无论是个体的人，还是整个人类，都具有大量尚未加以利用的潜力，这种潜力的开发成效大小，直接决定了一个人取得成就的大小，决定了给人类带来福祉的大小。而人的智慧潜能要得到有效开发，基本前提则是人的安全健康，抓好安全生产工作的重大意义由此可见一斑。

随着经济社会的发展，人的作用越来越突出，人的价值越来越彰显，促进人的全面发展已经成为整个社会发展进步的最高目的。

在知识经济时代，人的地位得到空前的提升，因为人已经成为全社会最重要、最宝贵的资源。正如美国未来学家西蒙在其所著《人类的智慧——最好的资源》一书中所指出的：“最宝贵的资源不是物，而是人，是人的智慧。尽管面临种种挑战，但人类的智慧最终总能帮助人类发现解决难题的新办法。”

人类的智慧在劳动大军智能化上得到了充分体现。劳动者的智能化过程大体是这样发展的：开始是掌握手工生产经验和技能、以体力支出为主的“体力型”，后来是掌握机器操作技能、体脑并重的“文化型”，现在是掌握现代科技，以脑力支出为主的“智能型”。在劳动者智能化过程中，“用脑生产”日益代替“用手生产”，工人“干”得少了，“想”得多了，反映在企业形态上就是劳动密集型企业越来越少，而知识密集型企业越来越多。

可见，人已经成为知识经济的核心。从历史发展过程看，在农业社会以土地为中心，在商业社会以货币为中心，在工业社会以资本为中心，在知识经济社会以人为中心。在知识经济社会，人们通过追求知识而自然回归人到本身，因为知识是人脑的创造物。因此，人就成为全社会的第一资本、第一资源、第一目的。

在这种情况下，人的生命安全、身体健康和智慧潜能不受损害就具有十分重大的意义——只有保障了人的安全健康，保障了人的智慧潜能，才能保障经济社会持续健康发展，同时也才能有效促进人的全面发展。因此，生命健康的完整也就成为抓好社会主义安全生产工作最重要、最根本、最有价值的功效。2015 年 8 月 15 日，针对一个时期以来全国多个地区发生重特大安全生产事故、造成重大人员伤亡和财产损失的情况，习近平同志专门作出批示指出：血的教训极其深刻，必须牢牢记取；各级党委和政府要牢固树立安全发展理念，坚持人民利益至上，始终把安全生产放在首要地位，切实维护人民群众生命财产安全。“始终把安全生产放在首要地位”，正是因为生命健康的完整具有无可替代的巨大作用和价值，所以必须重视和抓好安全生产工作。

第八节 幸福生活的完满

社会主义安全生产的第八种功效，就是保障幸福生活的完满。

随着社会的发展和时代的进步，广大人民群众在满足基本生活需求之后，对高层次的发展型民生有了新的期待，对过上更加幸福美好的生活有了更多、更高的追求和目标。

广大人民热爱生活，期盼有更好的教育、更稳定的工作、更满意的收入、更可靠的社会保障、更高水平的医疗卫生服务、更舒适的居住条件、更优美的环境，所有这些都体现了他们对幸福的真诚向往和热切追求。

2016 年 3 月 16 日，第十二届全国人民代表大会第四次会议通过的《国民经济和社会发展第十三个五年规划纲要》指出：“坚持人民主体地位。人民是推动发展的根本力量，实现好、维护好、发展好最广大人民根本利益是发展的根本目的。必须坚持以人民为中心的发展思想，把增进人民福祉、促进人的全面发展作为发展的出发点和落脚点。”

要增进人民福祉，实现好、维护好、发展好最广大人民的根本利益，就应当在满足人民群众基本生活需求的基础上，努力实现高层次的发展型民生，使人民过上更加幸福美好的生活，这就离不开安全生产。

2016 年 9 月 27 日，主题为“预防为主、标本兼治”的第八届中国国际安全生产论坛暨安全生产及职业健康展览会在北京开幕，国际劳工组织副总干事黛博拉·格林菲尔德作主旨演讲，明确指出，职业安全健康涉及家庭幸福、社区和谐和生产力发展。

只有抓好安全生产，才能保障人权、才能保障人的全面发展、才能保障家庭团圆、才能保障延年益寿。当今时代，安全对于人们幸福生活的重大而深远的影响，远远超出一般人们的想象。

一、安全保障人权

向往幸福、追求幸福、享受幸福，是人的天性，也是人类发展前进的根本动力。而要做到这些，就必须使各项人权得到充分保障，这就离不开安全生产。

发展生产、繁荣经济，其最终目的都是为了人，是为了人的更好发展。经济社会发展，既是为了人，也要依靠人，而它的前提就是人的生命存在；没有这一根本前提，既谈不上依靠人，更谈不上为了人，正如马克思和恩格斯所说：“任何人类历史的第一个前提无疑是有生命的个人的存在。”（中共中央编译局，1972c）因此，保障人的生命、保障人的生存，不仅关系到经济社会的持续发展，关系到人类文明的进步程度，更关系到人类自身的生存和发展；这不仅是经济社会发展的最大任务，更是劳动的首要前提。

为了保障人的生命安全，1948 年 12 月 10 日，联合国大会通过了《世界人权宣言》，明确规定：“人人有权享受生命、自由和人身安全。”

人权是历史的产物，作为一个通用的概念，是 17、18 世纪欧洲资产阶级在反对封建专制的斗争中提出来的。为了否认和对抗当时被认为神圣不可侵犯的神权、君权和等级特权，资产阶级思想家和政治家举起了天赋人权的旗帜。他们断言，每个人都是天生自由、平等、独立的，生命、财产、自由、平等以及反抗压迫等等是不可剥夺的自然权利；放弃或剥夺这种权利，就是放弃或剥夺人的做人资格，是违反人性的。

1776年美国《独立宣言》第一次将“天赋人权”写进资产阶级革命的政治纲领，该《宣言》宣称：“人人生而平等，他们都从‘造物主’那里被赋予了某些不可转让的权利，其中包括生命、自由和追求幸福的权利。”

1789年法国大革命期间通过的《人权和公民权宣言》，第一次将“天赋人权”写进了国家的根本大法。它宣布：“在权利方面，人们生来是而且始终是自由平等的。”此后，各国资产阶级在夺取政权后，相继将人权写入宪法。

我国对维护和保障人权也很重视，2004年3月召开的第十届全国人民代表大会第二次会议通过的《宪法修正案》，将“国家尊重和保障人权”正式载入《宪法》，使尊重和保障人权由政策主张上升为国家的法律规定，成为我国社会主义建设的奋斗目标之一。

2009年4月发布的《国家人权行动计划(2009—2010年)》，明确指出：“实现充分的人权是人类长期追求的理想，也是中国人民和中国政府长期为之奋斗的目标……中国政府坚持以人为本，落实‘国家尊重和保障人权’的宪法原则，既尊重人权普遍性原则，又从基本国情出发，切实把保障人民的生存权、发展权放在保障人权的首要位置，在推动经济社会又好又快发展的基础上，依法保证全体社会成员平等参与、平等生活的权利。”

人权大致上可以分为人的基本权利、公民权利、人应当享有的一切权利这三个层次；其中在人的基本权利中，生存权、发展权又是最根本、最重要的人权，是享有其他人权的前提。尊重和保障人权，就必须首先尊重和保障人的生命权，保障人的生命安全不受危害或威胁，这是保障人权最基本的要求，这在我国政府发布的相关文件中都有明确阐述。

《国家人权行动计划(2009—2010年)》指出:"落实安全生产法,坚持'安全第一、预防为主、综合治理'的方针,加强劳动保护,改善生产条件,亿元国内生产总值生产安全事故死亡率比2005年降低35%,工矿商贸就业人员10万人生产安全事故死亡率比2005年降低25%。"

2013年5月发布的《2012年中国人权事业的发展》指出:"保障人民生活和生产安全……国家着力解决制约安全生产的突出问题和深层矛盾,安全生产法规政策体系不断完善。颁布了多项安全生产标准,严厉打击非法违法生产、经营、建设行为,深入治理违规违章行为,持续开展安全生产年活动,不断深化隐患排查治理。2012年,全国查处无证和证照不全从事生产经营、建设等各类非法违法行为144万起,违规违章行为305万起。平均每年培训高危行业主要负责人、安全管理人员和特种作业人员500多万人次,农民工1300万人次,煤矿班组长13万人。发布了1022项重大事故防治关键技术和355项新型安全实用产品,集中推广了100个安全动态监测监控项目。生产安全事故起数和死亡人数持续下降。各类生产安全事故起数、死亡人数2011年比2010年分别下降4.3%、5.1%,2012年比2011年又分别下降3.1%、4.7%。"

生存权是中国人民长期争取的首要人权。要保障生存权,首先就得保障生命权,没有这一点,其他任何人权都谈不上。但在现实生活中,我国每年发生的诸多生产安全事故,夺走了成千上万人的生命,对当事者的人权造成了最大的和永久的伤害。从无数例生产安全事故造成人员群死群伤当中,就可以清楚地看到生产安全事故对于人权的侵害有多么严重。

二、安全保障人的全面发展

中国共产党第十七次全国代表大会提出,科学发展观第一要义是发展,核心是以人为本,基本要求是全面协调可持续,根本方法是统筹兼顾。

坚持以人为本，就是要坚持人民群众在经济社会发展中的主体地位，坚持发展为了人民、发展依靠人民、发展成果由人民共享；就是要以实现人的全面发展为目标，从人民群众的根本利益出发谋发展、促发展，不断满足人民群众日益增长的物质文化需要，切实保障人民群众的经济、政治、文化、社会权益，让发展的成果惠及全体人民。

促进和保障人的全面发展，不仅是经济社会发展的根本目的，同时也是我们每个人的使命和职责。马克思明确指出："任何人的职责、使命、任务就是全面地发展自己的一切能力。"（中共中央编译局，1960）

人是社会的人，社会是人的社会，人的发展离不开社会的发展，社会的发展同样也离不开人的发展，这就是两者之间的辩证关系。所以，人的发展与社会的发展紧密相连，是互为条件、互为因果、互相依赖、互相促进的，这既是经济社会发展的规律，同时也是人的发展的规律。

人类社会的发展离不开生产劳动。生产劳动是人类第一个历史活动，没有生产，人类就不能存在，更谈不上发展。马克思和恩格斯明确指出："我们首先应当确定一切人类生存的第一个前提也就是一切历史的第一个前提，这个前提就是：人们为了能够'创造历史'，必须能够生活。但是为了生活，首先就需要衣、食、住以及其他东西。因此第一个历史活动就是生产满足这些需要的资料，即生产物质生活本身。"（中共中央编译局，1972c）

生产劳动原本是为了人更好地生存和发展才进行的，但在进入工业社会机器生产阶段后，生产劳动过程中不时发生生产安全事故，对人的生命安全和身体健康又造成了十分严重的伤害，至今已经成为世界各国普遍面临的难题。人类要生存和发展就不能停止生产，而为了人的安全健康，又不能对生产安全事故视而不见、听之任之，解决这一矛盾的方法只有一个——就是安全生产、安全劳动，安全地创造出社会所需要的各种产品。实现安全生产，保障人员安全健康，就是在维护人类的生存和发展，就是在维护人类文明不断进步，就是在维护人的全面发展。

三、安全保障家庭团圆

安全生产工作的好坏，直接关系到劳动者的生命安全和身心健康，直接关系到其全家的团圆和幸福。

1995 年 7 月 24 日，中共中央政治局委员、国务院副总理吴邦国在全国安全生产工作电话会议上指出："淮南矿务局谢一矿'6·23'特大瓦斯爆炸事故，死伤共 125 人(死亡 76 人，伤 49 人)，这就要影响几百个家庭的上千个亲属，给他们精神上造成极大的痛苦，影响他们的工作和生活。"

1996 年 1 月 22 日，吴邦国在全国安全工作电视电话会议上指出："事故造成人员伤亡和经济损失，影响家庭幸福。"

生产安全事故对广大人民群众的家庭团圆和幸福会造成怎样的影响？请看报道。

一年百万家庭因生产事故造成不幸

新华社广州 6 月 14 日电 "我国一年有 100 万个家庭因生产安全事故造成不幸，按照一个家庭 3 人计算，20 年中就牵涉 6000 万人。"在此间举行的安全生产万里行安全形势报告会上，国家安监总局局长李毅中用一组惊人的数字，向社会通报了我国安全生产面临的严峻形势。

李毅中说，目前我国的安全生产正在稳定中呈现好转态势，但形势依然严峻，事故多发的势头并没有得到遏制。2004 年，全国 GDP 达到 13.6 万亿元，同时也有 13.6 万人死于生产安全事故，1 亿 GDP 死亡 1 个人；全国人口有 13.2 亿人，也就是说，去年 1 万居民当中有一个人死于生产安全事故。另外，去年有 70 万人因生产安全事故导致伤残。再加上职业病造成的影响，去年因生产安全事故导致的伤亡人数加起来有 100 万人，也就是一年有 100 万个家庭因生产安全事故造成不幸，按照一个家庭3人计算，20年中就牵涉6000万人。如果再把受到影响的亲戚、朋友统计在内，受到影响的人数更是一个无比庞大的数字。

李毅中说，2004年死于生产安全事故的13.6万人中，有10.6万人是死于交通事故。“万车死亡率”为10，是美国的6倍，日本的10倍。煤矿的安全形势更不容乐观：由于我国存在高瓦斯矿多、露天矿少等不利因素，去年的“100万吨死亡率”为3，这个数字是美国的100倍，是波兰和南非的10倍。我国煤矿产量占世界的31%，但煤矿死亡人数却占了世界煤矿死亡人数的79%！

李毅中说，去年几乎每过几天都有大事故发生：2004年，全国共发生一次死亡10人以上的特大事故129起，也就是每3天发生一起；一次死亡30人以上的特别重大事故，去年共发生14起，也就是不到一个月发生一起。今年的“开局不利”更是令人担忧：1到5月，一次死亡10人以上的事故有23次，死亡682人，比去年同期增加1.6倍。

李毅中说，去年生产安全事故造成的直接经济损失高达2500亿元，约占全国GDP的2个百分点，这还不算间接的经济损失。“全国人民辛辛苦苦，才让GDP上升了8、9个百分点，结果事故一发生，2个百分点就没了！”

（张虹生、吴俊）

新华社2005年6月14日播发

正如李毅中所说，一年有100万个家庭因生产安全事故造成不幸，按照一个家庭3人计算，20年中就牵涉6000万人；如果再把受到影响的亲戚、朋友统计在内，受到影响的人数更是一个无比庞大的数字。生产安全事故对家庭团圆和幸福的伤害和破坏是如此巨大！

但更不幸的，则是一家人在同一场事故中同时遭遇不幸。

——2012年1月16日，芜宣高速上，一辆蓝色小型面包车与一辆载满货物的大货车相撞，事故当场造成7死1伤，第二天被送往医院的重伤女子去世。面包车内一家 8 人是从陕西前往浙江返乡过年的。

——2013 年 10 月 5 日，四川省内江市威远县一家 6 人驾车到西安市看兵马俑返川途中，所乘小型面包车行至绵广高速新安收费站附近时，突然被后面的大货车追尾，并撞上一辆停靠在前面的半挂车，导致 6 人不幸全部遇难。

——2014 年 10 月 4 日，广东省河源市紫金县好义镇发生一起三车相撞的道路交通事故。面包车上载有 8 人，来自一个家庭。现场造成 7 人死亡，1 人重伤，之后重伤者被紧急送往医院，但在途中不幸死亡。

保障生命安全和身体健康，是广大劳动者及其家庭的第一愿望、第一需求，是他们最基本、最核心的利益。没有安全，家庭团圆和幸福就无法得到保障。

1984 年 5 月，《家庭》杂志社举办了我国第一次家庭研究学术讨论会，来自全国 17 个省市的 76 名专家学者参加了会议。经过与会者讨论，发表《家庭宣言》，共十条，其中第一条内容是："中国的家庭是社会主义社会的细胞，是社会主义劳动者安居乐业的场所。家庭在建设社会主义物质文明和精神文明中具有重要的地位和作用。"

就像《家庭宣言》所称，家庭是社会主义社会的细胞，在建设社会主义物质文明和精神文明中具有重要的作用和地位。要使我国社会主义现代化建设事业胜利推进，就必须维护和保障亿万个家庭的团圆和幸福，这样才能激发家庭成员的社会主义劳动积极性，发挥家庭在现代化建设中的重要作用。要实现这一点，安全必不可少，而且无论是生产安全还是生活安全都同等重要——只有安全，才有家人的平安和健康，才有全家的团圆和幸福。

四、安全保障延年益寿

从古至今，许许多多的人都追求"长命百岁、长生不老"，反映出人们对生命的无比珍爱，对长寿的热烈追求，健康长寿也成为幸福美好生活的重要内容。

人类寿命与先天禀赋、后天给养、居住条件、社会制度、经济状况、医疗卫生条件、环境、气候、体力活动、个人卫生等多种因素有关。《素问·上古天真论》指出“尽终其天年，度百岁乃去”，认为人的寿命应该是一百岁。《礼记》称百岁为“期颐”。《尚书》又提出“一曰寿，百二十岁也”，即该活120岁，才能称为长寿。东汉末年的哲学家王充说“百岁之寿，盖人年之正数也。犹物至秋而死，物命之正期也”，也即正常期限之意。晋代著名养生家嵇康认为，“上寿可达百二十”，“古今所同”。据上所述，古代医学认为人类的寿命正常应该是100岁至120岁左右。

随着经济社会的持续发展，人们生活水平的不断提高，以及医疗条件的大幅改善，人类平均寿命也在稳步延长。

18世纪，欧洲资本主义迅速发展，人们的物质生活条件有所改善，欧洲人口的平均寿命有了明显提高；到19世纪中叶，欧洲人口的平均寿命超过40岁。到20世纪末，世界人口男女平均寿命分别达到63.3岁和67.6岁，世界发达地区的男女平均寿命分别达到71.7岁和78.7岁，欠发达国家男女平均寿命分别为61.8岁和65岁，最不发达国家人口男女平均寿命分别为49.6岁和51.5岁。世界卫生组织2014年8月在瑞士日内瓦发布《2013年世界卫生统计公报》披露，全球平均预期寿命已经从1990年的64岁增加到70岁。

安全工作对劳动者健康长寿最直接的影响就是事故。在生产安全事故中不幸遇难的人员，其生命已经结束，既无法再为国家和社会作贡献，也无法继续享受现代文明生活。无论是生产事故还是其他事故，遇难的多是青壮年，三四十岁的年龄，本来还有好几十年的寿命，却因一场事故而使生命就此结束。

2013年6月18日，新疆昌吉市一辆载有36人的旅游大巴坠入40米深沟，造成15人死亡，其中11岁至20岁的有1人，21岁至30

岁的有4人,31岁至40岁的有3人,41岁至50岁的有5人,另外2人年龄不详。

2014年12月31日,上海外滩陈毅广场拥挤踩踏事故导致36人死亡,49人受伤。在死亡的36人中,11岁至20岁的有7人,21岁至30岁的有27人,31岁至40岁的有2人。

在事故中不幸遇难的人员,其生命已经终结,再也谈不上长寿了;而在事故中受伤的人员,其健康状况已经受到伤害,这也在一定程度上影响其长寿。

广大人民群众在用自己的智慧和汗水创造社会财富的同时,预期寿命越来越长,可以更多更好地享受现代文明,正是"发展为了人民,发展依靠人民,发展成果由人民共享"的充分体现。要保障劳动者和广大人民都能身心健康、延年益寿,抓好安全生产工作是必不可少的。

当前人的死亡原因主要有以下三种情况:一是完全因衰老而死亡,其比例仅占5%,主要是指长寿者和比较长寿者。二是病死,其比例约占80%,是死亡的主要原因。三是各种意外事故死亡,其比例占15%,主要是由于工业、交通业的发达而带来的事故造成的。

当前我国安全生产基础仍然比较薄弱,安全生产责任不落实、安全防范和监督管理不到位、违法生产经营建设行为屡禁不止的问题较为突出,正处于生产安全事故易发高发的高峰期,导致每年有几万人死于各种事故,这是其本人的不幸,同时也是整个社会的不幸。抓好安全生产工作,就是要努力减少生产安全事故,努力减少事故遇难人数,使广大劳动者在为国家、为社会创造产品和价值的同时不会受到生产安全事故的伤害和职业病的危害,并且能够延年益寿,幸福一生,而这一点,将是我国安全生产工作更为艰巨、更为远大的目标和追求。

第三章　社会主义安全生产规律

任何工作和事业要取得成功，都必须严格遵循事物发展的客观规律，这是一个十分浅显的道理，也是被无数事实所反复验证了的。2005 年 7 月 25 日，国家安全生产监督管理总局局长李毅中在安全生产工作会上指出："频频发生的生产安全事故，就是大自然及其所固有的规律对人类逆行的惩罚。只有正确认识客观规律，顺应客观规律的要求，才能掌握安全生产的主动权。"

要抓好安全生产工作，从根本上扭转我国安全生产的被动局面，最根本的是要深刻认识和自觉遵循安全生产发展规律，按照客观规律办事。然而正是在安全生产基本规律这一至关重要的问题上，多年来认识不清、重视不够、遵循不足，导致了我国安全生产的被动局面。

规律是事物、现象或过程之间的一定的必然的关系，这种关系是由它们的内在本性即它们的本质产生的。规律最基本、最主要的特征有三个，这就是客观性、必然性和重复有效性。

规律的客观性是一切规律的普遍特性，不论自然规律、社会规律、思维规律，以及总的来说宇宙运动规律都具有不以人们的意识和意志为转移的客观特性，也就是说，规律不是由人们的意识与意志创造出来的，而是不依赖于人们的意识和意志而存在的。

规律的必然性也就是不可避免性。客观规律不外是各种事物和现象之间的这样一种因果联系和这样一种相互关系，一些事物和现象的存在，必然引起另一些事物和现象；事物发展的这一阶段，必然引导到另一阶段。规律作为事物和现象的内部的本质联系，决定着以自然的必然性进行的现象的一定的发展，支配着自然界和社会中发生的各种过程。

规律的重复有效性，是指只要具备一定的条件，合乎规律的联系一定会一而再、再而三地重复出现。规律不仅是事物和现象的本质的必然联系的表现，规律也是事物和现象中稳定的、普遍的、重复有效的东西。也就是说规律所表现的一定的必然的联系，不是个别的、单一的现象所固有的，而是同一类的全部现象或过程所普遍具备的。

规律对人类的作用和意义无论怎样评价都不为过，可以这样说——一部人类发展史，就是一部探索规律、发现规律、自觉运用规律的历史。然而，要发现规律又是多么的艰难，规律任何时候都不会存在于表面，而是始终隐藏在事物或现象的最深处。因此，人们要认识和发现规律，就必须透过现象深入事物的本质，透过偶然性的表面杂乱无章的现象找出必然的、稳定的和本质的东西。

在安全生产上，只有正确认识客观规律，顺应客观规律的要求，才能掌握安全生产的主动权。因此，探索和应用社会主义安全生产规律就成为决定安全生产工作成败的关键。

第一节　以人为本

《安全生产法》第三条明确规定“安全生产工作应当以人为本”。坚持以人为本抓安全，既是抓好安全生产的经验总结，更是抓好安全生产的根本规律。只有认真遵循这一根本规律，才能抓好社会主义安全生产工作。

安全生产工作应当以人为本，具有两重含义，一是抓好安全生产工作的目的是为了人，二是抓好安全生产工作的方法是依靠人。

社会主义安全生产工作的根本目的是“四个低代价”，即促进经济社会发展走上低生命代价、低财富代价、低资源代价、低环境代价的科学道路，其中最重要的就是第一条，也就是保护人的生命安全不受伤害。

以人为本的人文精神在我国源远流长、博大精深，具有十分丰富的内涵。

孔子是儒家学说的创始人，特别强调“仁”和“礼”。他说：“仁者‘爱人’。”（《论语·颜渊第十二》）“己所不欲，勿施于人。”（《论语·卫灵公第十五》）“己欲立而立人，己欲达而达人。”（《论语·雍也第六》）他说：“民无信不立。”（《论语·颜渊第十二》）就是说，老百姓不信任政府，政府就站立不起来。在《孔子家语·五仪》中说：“夫君者舟也，庶人者水也。水所以载舟，水所以覆舟。”孔子的弟子曾参在《大学》中讲修身、齐家、治国、平天下，怎么才能平天下呢？要以殷朝为鉴，“民之所好，好之；民之所恶，恶之。”“得众则得国，失众则失国。”（《四书·大学十一》）就是说“得民心者得天下，失民心者失天下”。这是历代王朝盛衰兴亡的规律。

孟子倡导“仁政”，提出“民贵君轻”之说。他说商汤王因为行仁政，“民之望之，若大旱之望雨也”。周文王行仁政，百姓“箪食壶浆”，以迎文王。（《孟子·滕文公下》）“桀纣之失天下也，失其民也；失其民者，失其心也。得天下有道：得其民，斯得天下矣；得其民有道：得其心，斯得民矣。”（《孟子·离娄上》）他说：“天时不如地利，地利不如人和。”“得道者多助，失道者寡助。”（《孟子·公孙丑下》）“乐民之乐者，民亦乐其乐；忧民之忧者，民亦忧其忧。乐以天下，忧以天下，然而不王者，未之有也。”（《孟子·梁惠王下》）他提出“民贵君轻”的古代民主思想，说“民为贵，社稷次之，君为轻”。（《孟子·尽心下》）孟子还说：“民事不可缓也。”（《孟子·滕文公上》）就是说老百姓的事刻不容缓。

战国后期杰出的思想家荀子在《天论》中说：“天行有常，不为尧存，不为桀亡。”讲天地是按自然规律运行变化，不以个人的好坏而改变。他说：“水火有气而无生，草木有生而无知，禽兽有知而无义；人有气、有生、有知亦且有义,故最为天下贵也。"(《荀子·王制》)就是说人是万物中最宝贵的。他认为天、地、人三才,人居于核心地位,能支配万物,治理万物。他说:"天有其时,地有其财,人有其治,夫是之谓能参。"(《荀子·天论》)荀子还讲:"传曰:君者,舟也;庶人者,水也。水则载舟,水则覆舟。"(《荀子·王制》)"传",是古代文籍的通称。这与《孔子家语·五仪》中讲的这一宝贵思想文化是相同的。

以人为本的中华传统文化思想一直延绵不断。唐太宗贞观之治是太平盛世。他认为"为君之道,必须先存百姓",屡次引用"水能载舟,也能覆舟"来警诫大臣和太子。《贞观政要》载有"治天下者,以人为本"。唐代的陆贽讲:"人者,邦之本也。""以人为本,本固则邦宁。"(《陆宣公奏议》)唐代杜牧在《阿房宫赋》中说:"灭六国者,六国也,非秦也。族秦者,秦也,非天下也。嗟呼!使六国各爱其人,则足以拒秦。使秦国复爱六国之人,则递三世可至万世而为君,谁得而族灭也?秦人不暇自哀而后人哀之;后人哀之而不鉴之,亦使后人而复哀后人也。"就是讲人心向背、失民心者失天下的教训,让后人鉴之。

孔子、孟子、荀子等以上关于人的论述,是我国传统文化中的珍贵财富,对我们今天坚持以人为本具有很大的启发和参考意义。坚持以人为本抓安全,就要做到"安全生产人人有责、人人有权、人人有为、人人有利",这是在安全生产工作中以人为本的具体体现。

在社会主义中国的今天,人民是国家的主人、社会的主人、企业的主人,我们进行社会主义现代化建设和推进一切工作的目的,就是要为人民服务,就是要不断实现和维护最广大人民的根本利益;其中最根本、最重要的当然是保障人的生命安全,这必然要求在进行社会主义现代化建设各项事业包括社会主义安全生产工作中坚持以人为本。

以人为本集中体现了马克思主义历史唯物论的基本原理,体现了我们党全心全意为人民服务的根本宗旨和推动经济社会发展的根本目的。

以人为本就是以最广大人民的根本利益为本。以人为本的“人”，是指人民群众，就是以工人、农民、知识分子等劳动者为主体，包括社会各阶层人民在内的中国最广大人民；以人为本的“本”，就是根本，就是出发点和落脚点。2007年12月17日，胡锦涛同志深刻指出：“我们提出以人为本的根本含义，就是坚持全心全意为人民服务，立党为公、执政为民，始终把最广大人民的根本利益作为党和国家工作的根本出发点和落脚点，坚持尊重社会发展的规律和尊重人民历史主体地位的一致性，坚持为崇高理想奋斗和为最广大人民谋利益的一致性，坚持完成党的工作和实现人民利益的一致性，坚持发展为了人民、发展依靠人民、发展成果由人民共享。”（中共中央文献编辑委员会，2016a）2011年1月19日，胡锦涛同志指出：“以人为本、执政为民是马克思主义政党的生命根基和本质要求。”（中共中央文献编辑委员会，2016a）

坚持发展为了人民、发展依靠人民、发展成果由人民共享，对于社会主义安全生产工作而言，就是安全生产和安全发展为了人民、安全生产和安全发展依靠人民、安全生产和安全发展成果由人民共享，这是社会主义社会人民当家做主、成为国家主人的生动体现，也是社会主义制度优越性的具体体现。

社会主义生产劳动是以生产资料公有制为基础的，在生产资料社会主义公有制的条件下，劳动者是生产资料的共同主人，不再受资本的奴役和剥削，他们的生产劳动既是为国家、为社会、为他人，同时也是为自己，是为了包括劳动者本人在内的全体人民，这是社会主义生产劳动同资本主义生产劳动最根本的区别；也正是这一点，决定了社会主义安全生产的目的是为了人——抓好安全生产是为了人，这也正是社会主义安全生产的一个巨大优势。

抓好社会主义安全生产不仅是为了人，而且要依靠人。

抓好安全生产工作是一项系统工程，涉及方方面面，需要诸多资源和条件，但其中最重要的则是人，是劳动者，这是影响安全生产的决定性因素。

工业生产安全事故的发生，总是同机器有着直接或间接的关系，当然，从根本上讲，还是同人有关。任何机器设备，总是由人来操纵、管理、保养的，机器设备运行得好坏必然取决于人，是安全平稳、正常有序地运行，还是故障不断、事故不断地运行，都取决于人，取决于管理机器的工人。要实现机器生产的安全平稳、正常有序，就必须培养出适应机器生产的合格工人。

正如马克思所说，机器是工业革命的起点，但只有机器还无法产生工业革命，还缺少不了另外一个重要支撑——工业劳动者，也就是工人。机器和工人，不仅是工业革命的两大组成要素，也是工业生产的两大组成要素，同时还是生产安全事故的两大致因因素，而这两者当中起主导作用的当然是工人。

马克思指出："在这里，工人要服从机器的连续的、划一的运动，这早已造成了最严格的纪律。"（中共中央编译局，1975a）

可以说，自工业革命以来，机器的应用和工人队伍的扩大是同步进行、相互促进的，机器和工人之间互相依存的关系也就是这样建立和巩固的。一方面，是机器造就了工业劳动者即工人；另一方面，工人又不断承受着工业生产事故即机器事故所造成的伤害。要改变这种"一方面造就工人、一方面伤害工人"的不正常状况，根本路径只有一条，就是充分调动工人安全生产积极性和工作热情，同时大力提高他们的安全业务能力，用人的高素质来对抗和消除机器生产的高风险，这就是安全生产"以人为本"理念中依靠人抓好安全工作的含义。

社会越是发展进步，人的作用和地位就越高，无论是生产领域还是生活领域都是这样。随着工业革命的兴起和科学技术在生产上的广泛应用，工业生产对工人素质的要求越来越高，不仅包括科学文化素质和技能素质，还包括身体素质和心理素质。在现代化工业生产当中，生产工具是机械的、精密的，生产过程是连续的、协同的，生产动力是高能的、有害的，生产环境是多变的、复杂的，这就导致在如今的生产劳动中，脑力劳动相对增加、体力劳动相对减少，复杂劳动相对增加、简单劳动相对减少，工人队伍知识化的趋势日益明显。

国外有关统计资料显示，固定资本增加1%，生产增加0.2%；劳动力增加1%，生产增加0.76%；而教育经费增加1%，生产能够增加1.8%，由此可见加强教育培训、提高人员素质对生产劳动的巨大促进作用。

进行现代化的生产，必须有一支高素质的工人队伍，而要抓好现代化的安全生产工作，同样要有一支高素质的工人队伍。

早在19世纪70年代，恩格斯在《论权威》一文中就描述了拥有庞大工厂的现代工业"两个复杂化"的生产特点："代替多个分散的生产者的小作坊的，是拥有庞大工厂的现代工业，在这种工厂中有数百个工人操纵着蒸汽发动的复杂机器；大路上的客运马车和货运马车已被铁路上的火车所代替，小型帆船和内海帆船已被轮船所代替。甚至在农业中，机器和蒸汽也愈来愈占统治地位……可见，联合活动，互相依赖的工作过程的复杂化，正在取代各个人的独立活动。"（中共中央编译局，1972b）他还指出："生产和流通的物质条件，不可避免地随着大工业和大农业的发展而复杂化。"（中共中央编译局，1972b）

恩格斯在1873年所谈到的当时工业生产当中工作过程的复杂化、生产和流通条件的复杂化，在一百多年后的今天，其复杂程度不知又增加了多少倍。同时，我国生产企业和单位又面临着更多的复杂化的因素：复杂的市场竞争环境、复杂的利益群体、复杂的社会条件，再加上难以预料的自然条件变化的影响，使得安全生产这一开放、复杂、巨大的系统受到诸多因素的制约，在整体上呈现出脆弱平衡的特点，其中任何一个因素发生变化，都可能影响安全生产。要保证所有这些因素能够控制，确保其在不会引发生产安全事故的区间范围内变动，唯一能依靠的就是人。因此，要从根本上、源头上抓好安全生产工作，就必须依靠人、通过人。

依靠人、通过人抓好安全生产工作，主要体现在两个方面，一是依靠人的安全技能，二是依靠人高度的安全觉悟，这两个方面缺一不可。

《安全生产法》第二十五条规定："生产经营单位应当对从业人员进行安全生产教育和培训，保证从业人员具备必要的安全生产知识，熟悉有关的安全生产规章制度和安全操作规程，掌握本岗位的安全操作技能，了解事故应急处理措施，知悉自身在安全生产方面的权利和义务。未经安全生产教育和培训合格的从业人员，不得上岗作业。"

随着科学技术的加快发展和市场竞争的加剧，生产经营单位大量使用新工艺、新技术、新材料、新设备，这"四新"的大量使用又会给安全生产工作带来新的风险和隐患。对此，《安全生产法》第二十六条规定："生产经营单位采用新工艺、新技术、新材料或者使用新设备，必须了解、掌握其安全技术特性，采取有效的安全防护措施，并对从业人员进行专门的安全生产教育和培训。"

为了做好劳动者在生产劳动过程中的劳动防护，生产经营单位应当为从业人员提供劳动防护用品，从业人员也应当学习掌握佩戴和使用劳动防护用品的知识。对此，《安全生产法》第四十二条规定："生产经营单位必须为从业人员提供符合国家标准或者行业标准的劳动防护用品，并监督、教育从业人员按照使用规则佩戴、使用。"第五十四条规定："从业人员在作业过程中，应当严格遵守本单位的安全生产规章制度和操作规程，服从管理，正确佩戴和使用劳动防护用品。"

不仅是已经身处社会生产过程当中的人员要学习提高自己的安全技能，作为社会主义现代化建设事业接班人的学生，也要学习掌握。

1990年4月12日，江泽民同志在同出席高等学校党的建设工作会议的部分代表座谈时指出："青年学生是我们社会主义的接班

人，要热情关怀他们。”（见 1990 年 4 月 13 日《人民日报》）

1990 年 10 月 13 日，江泽民同志在中国少年先锋队全国代表大会上的祝词中指出：“培养社会主义、共产主义事业接班人，是全党全社会的共同责任。学校、社会、家庭都要为少年儿童的健康成长创造良好的环境和条件，促进他们在德、智、体、美、劳诸方面发展。”（见 1990 年 10 月 14 日《人民日报》）

少年儿童和青年学生作为社会主义事业的接班人，就必须具备接班人的能力素质，尽早学习掌握有关安全知识不仅十分重要，而且十分紧迫，这已经成为关系社会主义现代化建设事业成败的一项重要工作。

意外事故已经成为 14 岁以下少年儿童的第一死因。在校园安全方面，涉及青少年生活和学习的安全隐患有 20 多种，包括交通事故、火灾火险、溺水等。有专家指出，通过安全教育，提高中小学生的自我保护能力，80％的意外伤害将可以避免。

由于少年儿童和在校学生这个群体的弱小，使他们更容易受到来自外界的伤害。为了保护好他们，一些国家和联合国专门作出了规定。

苏联教育部于 1985 年颁布《苏联中小学生标准守则》，对五至九年级学生提出了十条要求，其中第十条规定：“了解和严格遵守交通规则、防火规则和水上行为规则。”

1989 年 11 月 20 日，第 44 届联合国大会通过了《儿童权利公约》；从 1990 年开始，联合国将 11 月 20 日确定为“国际儿童日”并举办相应纪念活动。《儿童权利公约》第六条明确规定：“缔约国确认每个儿童均有固有的生命权。缔约国应最大限度地确保儿童的存活与发展。”

我国中小学生容易受到伤害，其中农村学生尤其如此，这直接受到两个重要因素的影响，一是农村中小学撤点并校，二是农村儿童留守。

撤点并校是指自20世纪90年代末已经存在、2001年正式开始的一场对全国农村中小学重新布局的教育改革，就是大量撤销农村原有的中小学，使学生集中到小部分城镇学校。启动这项改革的《国务院关于基础教育改革与发展的决定》文件指出，地方政府“因地制宜调整农村义务教育学校布局”，而且还强调了小学合并要“适当合并”“就近入学”。1997年的全国农村小学数为512993所，到2009年剧减为234157所，一共减少了278836所，平均每天减少64所农村小学。

全国众多的学校合并后，其负面效应也日益显现，其中最典型的就是交通安全问题。由于节省下来的钱用于教育条件的改善上不足，很多孩子上学就得长途跋涉，没有校车，家长只能让孩子坐拖拉机，或者家长集中拼车，而这些所谓的校车多是“问题车”，所以农村校车安全隐患广泛存在，并不断发生伤亡事故。

留守儿童的现象也不容忽视。2013年5月，全国妇联发布《我国农村留守儿童、城乡流动儿童状况研究报告》指出，我国农村留守儿童数量达到6102万人，占农村儿童的37.7%，占全国儿童的21.9%，总体规模还在扩大，全国每5个孩子中就有1名留守儿童。由于和父母的长期分离，留守儿童生活、照顾、安全保障和接受教育等都受到不同程度的影响。

2001年3月6日，江西省万载县芳林小学发生爆炸事故，导致42人死亡，其中大多数是小学生，引起国内外舆论的广泛关注。3月15日，九届人大四次会议刚刚闭幕，中共中央政治局常委、国务院总理朱镕基在中外记者招待会上针对外国记者对江西“3·6”爆炸事件的提问，怀着沉痛的心情说：“发生这样一件事情，特别是发生在江泽民主席对于这种爆炸事件多次作出批示的情况下，国务院没有尽到应尽的责任，我感到心情沉重，我应该进行检讨。我今天向全国人民承诺，我们一定会从这件事情吸取足够的教训，重申和完善已经制定的法规，就是说，绝对不能允许学生和未成年儿童进行有生命危险的劳动。如果因此导致危害他们的生命安全，一定会把县长、乡长、镇长立即撤职，并且依法追究他们的刑事责任，对于省长也应该给予行政处分。我们一定会实现对人民的承诺。”

以上情况表明，加强在校学生的安全教育和保护，已经成为全社会一项十分重大而又紧迫的任务。

为了增强广大在校学生的安全意识，提高他们的自我保护能力，国家进行了多方面的努力，设立全国中小学生安全教育日就是一个有力举措。

为全面推动中小学安全教育工作，大力降低各类伤亡事故的发生率，促进中小学生健康成长，国家教委、劳动部、公安部、交通部、铁道部、国家体委、卫生部 1996 年初联合发出通知，决定建立全国中小学生安全教育日制度，确定每年 3 月份最后一周的星期一作为全国中小学生安全教育日。全国中小学生安全教育日每年确定一个主题，历年安全教育日主题分别如下。

1996 年：全社会动员起来，人人关心中小学校安全工作

1997 年：交通安全教育

1998 年：注重防范，自救互救，确保平安

1999 年：消防安全教育

2000 年：保证中小学生集体饮食安全，预防药物不良反应

2001 年：校园安全

2002 年：关注学生饮食卫生，保障青少年健康

2003 年：大力提高中小学生及幼儿的自我保护意识和能力

2004 年：预防校园侵害，提高青少年儿童自我保护能力

2005 年：增加交通安全知识，提高自我保护能力

2006 年：珍爱生命，安全第一

2007 年：强化安全管理，共建和谐校园

2008 年：迎人文奥运，建和谐校园

2009 年：加强防灾减灾，创建和谐校园

2010 年:加强疏散演练,确保学生平安

2011 年:强化安全意识,提高避险能力

2012 年:普及安全知识,提高避险能力

2013 年:普及安全知识,确保生命安全

2014 年:强化安全意识,提升安全素养

2015 年:我安全、我健康、我快乐

2016 年:预防校园暴力,共建和谐校园

2017 年:强化安全意识,提升安全素养

2018 年:做自己的首席安全官

2019 年:珍爱生命,安全伴我行

2007 年 2 月,国务院办公厅转发《教育部中小学生公共安全教育指导纲要》,对中小学生在校进行公共安全教育作出具体部署,要求通过开展公共安全教育,培养学生的社会安全责任感,使学生逐步形成安全意识,掌握必要的安全行为的知识和技能,了解相关的法律法规常识,养成在日常生活和突发安全事件中正确应对的习惯,最大限度地预防安全事故发生和减少安全事件对中小学生造成的伤害,保障中小学生健康成长。

随着全社会特别是教育部门对在校学生人身安全的日益重视,安全教育课程越来越多地进入学校。请看报道。

公安部教育部联合发文

消防安全知识纳入中小学教学内容

本报北京 8 月 29 日电(记者　张洋)　日前,公安部、教育部联合下发通知,各中小学要将消防安全知识纳入教学内容,每学期开学第一周和寒(暑)假前安排不少于 4 课时的消防知识教育课程,每学期组织一次火灾疏散逃生演练;每学年参观一次消防队站、消防科普教育基地,并布置一次家庭消防作业;每年的“全国中小学生安全教育日”“防灾减灾日”“119”消防日期间,要集中开展知识竞答、消防运

动会、主题展览、疏散演练等消防主题活动。

通知要求校园电视、广播、网站、报刊、板报等，每月要至少刊播一次消防安全常识。同时，学校教室、宿舍等醒目位置要设置应急疏散示意图、消防标识、宣传橱窗（标牌）。

原载 2013 年 8 月 30 日《人民日报》

中小学安全将有专项督导

本报北京 12 月 15 日电（记者　张烁）　记者 15 日从教育部获悉：日前，国务院教育督导委员会办公室印发《中小学（幼儿园）安全工作专项督导暂行办法》（以下简称《办法》），明确了 6 个方面的督导内容，督促地方政府建立健全中小学安全保障体系和运行机制。

《办法》规定，中小学（幼儿园）安全工作专项督导由国务院教育督导委员会办公室负责组织实施，主要检查各级地方政府、相关职能部门和学校安全工作治理体制、机制和治理能力、措施的建设、落实等情况。督导内容主要包括督组织管理、督制度建设、督预警防范、督教育演练、督重点治理、督事故处理。据悉，国务院教育督导委员会办公室根据地方自查和实地督导结果，形成专项督导意见和督导报告，督导报告向社会发布。教育部有关负责人表示，开展中小学（幼儿园）安全工作专项督导，是督促地方政府及相关职能部门、学校建立规范化、制度化、科学化的安全保障体系和运行机制，提高学校安全风险防控能力的重要举措。

原载 2016 年 12 月 16 日《人民日报》

同时，社会各界对保护学生人身安全也给予高度重视。为了增强中小学生交通安全意识，减少中小学生交通安全事故的发生，2010 年 11 月 5 日，由中国关心下一代工作委员会主办的全国中小学生交通安全教育活动在北京人民大会堂正式启动，提出中小学生交通安全要引起各部门和全社会的高度重视，要加强中小学生安全教育，把交通安全工作落到实处。

2011年8月，国务院印发《中国儿童发展纲要(2011—2020年)》，指出："营造尊重、爱护儿童的社会氛围，消除对儿童的歧视和伤害。"

我国历来重视对学生的关爱、教育和培养，至今已经对在校学生进行了"五育"，包括德育、智育、体育、美育、劳育(即劳动教育)；在如今新形势下，建议组织专门力量全方位加强第六育——安育即安全教育，而且应当将安育设为"六育"之首，将它当作学生教育的头等大事来抓，切实抓出成效，这才是对两亿多学生的真正爱护、真心培育。

依靠人抓安全，除了人的安全技能以外，还需要不断提高人的安全觉悟，这一点更为重要，而在实际工作中却往往容易被忽视。

管理界有一句名言：人的知识不如人的智力，人的智力不如人的素质，人的素质不如人的觉悟。这句话深刻说明了在人的知识、智力、素质和觉悟中，人的觉悟具有最大的作用、最强的效力，也最为宝贵，在安全生产工作中，这句名言同样适用。

美国著名安全生产学者海因里希在《工业事故预防》一书中提出了"工业安全公理"，包括10条主要内容，所以又称"海因里希10条"。海因里希的"工业安全公理"第二条指出："人的不安全行为是大多数工业事故的原因。"这一公理对我们抓好安全生产工作具有很强的启迪作用。

通过这一公理可以得知，要消除工业事故、实现安全生产就必须有效控制人的安全行为；而要控制好人的安全行为，就必须有效控制人的安全思想；而要控制好人的安全思想，就必须努力提高人的安全觉悟。

安全生产工作具有长期性、艰巨性、复杂性、反复性的特点，同时安全工作成果又具有隐蔽性、滞后性、模糊性、依附性等特点，这充分说明了抓安全生产工作一方面难以出彩、容易出错，另一方面投入巨大、产出难料。这种状况，对于开展安全生产工作是十分不利的——

短时期内抓好安全生产容易，长时期抓好安全生产很难；少数人抓好安全生产容易，所有人抓好安全生产很难；低风险工作抓好安全生产容易，高风险工作抓好安全生产很难，这必然会挫伤劳动者关注安全、抓好安全的积极性。

为了激发劳动者关注安全、抓好安全的积极性、主动性和创造性，使他们在安全生产工作中能够尽职尽责，就必须大力提高他们的安全生产觉悟。

提高劳动者的安全生产觉悟，就要使他们深刻认识抓好安全生产的重大意义和价值，概括地说就是“八利”：利国利民、利人利己、利公利私、利中（中国）利外（外国）；换句话说，就是抓好安全生产工作有百利而无一害，而抓不好安全生产工作则是有百害而无一利。

马克思主义认为，物质利益是人类社会普遍存在的，人们进行生产活动和其他形式的活动，直接的目的就是为了物质利益，从而使自己的生活更加富足、幸福。要提高劳动者的安全生产觉悟，也需要从物质利益角度入手，使广大劳动者深刻认识到抓好安全生产工作将会使自己得到相应的物质利益，从而激发抓好安全生产的坚定信心和持久动力，并进一步为实现包括自己在内的整个集体的利益而奋斗。

之所以说抓好安全生产工作有百利而无一害，就是因为只有抓好安全生产才能保障劳动者的利益——既包括当前利益、也包括长远利益，既包括个人利益、也包括集体利益，既包括现实利益、也包括潜在利益，既包括有形利益、也包括无形利益。

劳动者抓好安全生产工作所实现的物质利益，远不限于他自身，还包括在生产劳动中与他有着紧密联系的其他劳动者。安全生产工作的一大特点就是一荣俱荣、一损俱损，换句话说就是一安俱安、一危俱危。正是这个显著特点，决定了抓好安全生产人人有利，抓不好安全生产人人受损。而这一状况，又同工厂企业的集中生产紧密相连。

马克思指出:“较多的工人在同一时间、同一空间(或者说同一劳动场所),为了生产同种商品,在同一资本家的指挥下工作,这在历史上和逻辑上都是资本主义生产的起点。”(中共中央编译局,1975a)马克思在这里所说的四个“同一”即同一时间、同一空间、生产同一商品、进行同一指挥,既是现代工厂生产的基本特征,同时也是现代工厂生产经营活动得以顺利进行的前提条件,正是这些“同一”,使以应用机器为基础的现代工厂同其他生产形式相比,拥有无可比拟的巨大优势,因而能够创造出比手工劳动效率高得多的劳动生产率。

正是这种集中劳动将大量劳动者集中在一起,这种情况下的安全生产好坏当然会影响到在生产作业现场的全体劳动者,这也正是抓好安全生产工作的最大价值和意义所在——只有抓好安全生产工作,才能保护好现场每一位劳动者的生命安全和身体健康,才能保障每一位劳动者的物质利益。

劳动者抓好安全生产故障所实现的物质利益,也并不限于劳动者,还包括所在企业,甚至所在行业。

企业从业人员抓好安全生产工作,就企业内部而言,能够保证各项生产、经营、科研工作顺利开展以及职工队伍的和谐稳定;就企业外部而言,能够使企业保持良好的安全形象和声誉,正是这些,有力支撑了企业的持续健康发展,这就是企业由于安全生产工作抓得好而得到的物质利益。反之,如果企业从业人员抓不好安全生产工作,对内各项工作无法正常进行,对外则将损害企业的安全形象和声誉,这就直接阻碍企业的发展,直接损害企业的物质利益。

更为严重的是,由于企业安全生产工作抓不好,事故接连不断,社会影响恶劣,导致事故发生的企业将无法继续生存,甚至进而影响这一行业。

一个行业对一个省的经济发展、民生保障等方面的作用和影响,比一个企业要大得多。一个企业如果安全生产没有保证,生产安全事故不断,依法对其关停,影响还限于局部范围;但如果是一个行业,让其退出一个市甚至一个省，其影响就不止局部范围了。即便如此，如果某个高危行业安全生产基础薄弱，安全保障程度不高，对劳动者和广大人民群众生命安全和身体健康存在较大危险，也将被淘汰，不能存在。烟花爆竹和煤炭行业作为高危生产行业，已经从一些省份退出，就充分说明了安全直接关系到一个行业的生存力。请看报道。

16个省区市已完全退出烟花爆竹生产

人民网北京2月14日电　据国家安全生产监督管理总局网站消息，目前，全国已有北京、天津、山西、内蒙古、辽宁、吉林、黑龙江、上海、江苏、安徽、福建、广东、西藏、青海、宁夏、新疆等16个省(区、市)完全退出了烟花爆竹生产，241个设区的市、2561个县(市区)退出烟花爆竹生产。退出烟花爆竹生产的省、市、县分别占全国总数的51.6％、72.4％、89.8％。

原载2015年2月14日人民网

不只是烟花爆竹行业，作为我国另一高危行业——煤炭行业，由于其生产的特殊危险性和后果的严重性，早在二十世纪八九十年代就有一些省份从这一行业退出，上海市在1985年退出产煤领域，西藏自治区在1994年退出产煤领域。进入21世纪，随着安全发展理念的广泛传播，又有新的省份从煤炭行业退出，广东省在2006年退出，浙江省在2013年退出。

一个企业安全生产工作抓不好，会直接损害企业职工的利益；一个行业安全生产工作抓不好，就可能被取消，其对相关从业人员的利益的影响就更大，也更深远，这是十分明显的道理。因此，为了维护劳动者的物质利益和其他方面的利益，以及企业、社会、国家的利益，就必须抓好安全生产工作，让广大劳动者都深刻懂得这一道理，就能够大大提高他们的安全觉悟，从而增强人人尽责抓好安全生产工作的强大精神动力。

以往我们在讲安全时总是说“安全生产人人有责”，这当然是正确的，但还远远不够，提“四个人人”就全面了。安全生产这“四个人人”中的前三个，即人人有责、人人有权、人人有为，说明了抓好安全生产必须依靠人；第四个“人人”即人人有利，说明了抓好安全生产就是为了人，这两个方面共同构成了以人为本抓安全的深刻内涵。做到“四个人人”，以人为本抓安全就能落到实处。

第二节　按劳分配

在社会主义社会，人民是国家的主人，生产资料归劳动者共同所有，所以劳动者运用这些生产资料所创造出来的全部产品也归劳动者共同所有。但是，劳动者共同占有全部产品，并不意味着要将全部产品都分配给劳动者个人用于他们的个人消费。马克思在《哥达纲领批判》中指出，社会主义社会的总产品要作各项扣除，剩下的部分才分配给劳动者个人。

在对社会的总产品作了各项扣除之后就可以进行分配了，这种分配又按照什么样的原则和方式进行呢？按劳分配。生产资料的社会主义公有制要求必须按照劳动者的利益来分配个人消费品，否则，劳动人民对生产资料的占有就不能实现，生产资料公有制就会丧失实际内容而遭到破坏。实行按劳分配，才真正体现了人民当家做主，体现了劳动者在生产劳动中的主人翁地位。

按劳分配是社会主义的分配原则，它的具体内容是什么呢？就是将劳动作为分配个人消费品的尺度，等量劳动领取等量报酬，多劳多得，少劳少得，不劳不得。按劳分配是人类历史上分配制度的深刻革命，是对人剥削人的分配制度的根本否定。实行按劳分配，对于促进社会生产力的发展和科学技术水平的提高、巩固社会主义制度、最终消灭资本主义制度、为过渡到共产主义创造条件，都有着十分重要的作用。因此，列宁对“不劳动者不得食”予以高度重视，并称其为

“社会主义的第一个主要根本原则”。(中共中央马克思恩格斯列宁斯大林著作编译局,1972a)

实行按劳分配,将劳动和报酬直接联系起来,使劳动者从物质利益上关心自己的劳动成果,就能极大地调动劳动者的生产劳动积极性,促进社会生产力的发展。在社会主义社会,劳动是人们收入的来源,多劳多得、少劳少得、不劳不得,这就必然激励广大劳动者勤奋工作,钻研技术,不断提高自己的劳动技能,为社会创造更多的财富。

调动劳动者的积极性、促进社会生产力的发展,必须实行按劳分配,抓好社会主义安全生产,同样必须实行按劳分配。具体而言,就是谁在安全生产工作中贡献大就应当多得,谁在安全生产工作中贡献少就应当少得,谁在安全生产工作中没有贡献就应当不得;不仅如此,谁要在安全生产工作中由于自己失职渎职,还要受到应有的处罚。特别是安全生产工作所具有的长期性、艰巨性、复杂性、反复性等特点,更决定了要抓好安全生产就必须毫不动摇地坚持按劳分配。

长期以来,我国没有明确提出抓好安全生产工作必须遵守按劳分配的规律,但在实际工作中已经在按照这一规律推进安全工作。

如 2008 年修订施行的《森林防火条例》第十二条规定,对在森林防火工作中作出突出成绩的单位和个人,按照国家有关规定,给予表彰和奖励。对在扑救重大、特别重大森林火灾中表现突出的单位和个人,可以由森林防火指挥机构当场给予表彰和奖励。

相应的,对于在安全生产工作中因为自己失职渎职,给国家和人民造成损失的人员,也要给予应有的处罚。如《安全和产法》对此也有明确规定。

1988 年 1 月 18 日,中国民航西南航空公司 222 号客机在重庆白市驿机场附近坠毁,死亡 108 人。1 月 24 日,由昆明开往上海的 80 次快车发生列车颠覆事故,死亡 88 人。这是两起重大责任事故。

1988 年 3 月 5 日,国务院印发两份文件,对在事故中负有领导责任的人员进行了处理。

2010年7月19日，国务院印发《国务院关于进一步加强企业安全生产工作的通知》（国发〔2010〕23号），指出："依法维护和落实企业职工对安全生产的参与权与监督权，鼓励职工监督举报各类安全隐患，对举报者予以奖励。"

2011年11月26日，国务院印发《国务院关于坚持科学发展安全发展 促进安全生产形势持续稳定好转的意见》，指出："制定完善安全生产奖惩制度，对成效显著的单位和个人要以适当形式予以表扬和奖励。"

从以上规定可以看出，国家对在安全工作中取得明显成绩、作出积极贡献的单位和个人予以表扬和奖励，道理是很明显的，谁在安全生产工作中多劳，那当然应当多得，这样才能鼓励更多的人关注安全生产、支持安全生产，为安全生产多作贡献；特别是在我国全面建设小康社会和经济全球化的趋势下，更应当遵循安全生产多劳多得的规律。

对企业职工来说，要提高自身安全素质、创造优异安全业绩，绝不是轻而易举的，而必须付出十分艰苦的努力，花费巨大的投资。

《安全生产法》第二十五条至二十七条对生产经营单位从业人员的安全生产知识、技能和资格作了明确规定。生产经营单位的从业人员达到这三条规定所要求的水平，就一定能创造出优异的安全业绩吗？不一定。这三条规定所要求的仅仅是安全生产操作技能，尚未涉及安全生产管理知识。《安全生产法》第二十四条规定："生产经营单位的主要负责人和安全生产管理人员必须具备与本单位所从事的生产经营活动相应的安全生产知识和管理能力。"这一条规定就对企业有关人员的安全生产管理能力提出了明确要求，这也是一名企业从业人员在安全生产领域有所作为不可缺少的。

安全生产工作是一项系统工程，随着科技的发展和社会的进步，影响安全生产的危险因素的种类在增多，引发事故的门槛在降低，要确保安全生产，对企业从业人员的安全素质就提出了比以往更高的要求，要求企业及其从业人员在安全生产上投入资源更多，投入力度更大；相应的，谁在安全生产上投入更多、成效越好，他所获得的物质及其他方面的回报也应当越大。

2003年12月22日，国家安全生产监督管理局、国家煤矿安全监察局发布《国家安全生产科技发展规划（2004—2010）》，指出："在加强安全科技创新的同时，注意吸收、利用国外和其他领域的先进科技成果，提高安全生产科技水平。"要提高安全生产水平、创造优秀安全业绩，就要提高安全生产科技水平；而要提高安全生产科技水平，还要吸收、利用国外和其他领域的先进科技成果，这既说明了安全生产工作的复杂性，同时也反映出抓好安全生产工作的不容易。

从以上论述可以得知，企业从业人员要在完成本职岗位工作任务的同时创造出优异的安全业绩，首先必须大力提高自身安全素养，包括安全生产操作技能、管理知识和科学技术，同时还要关注相关领域甚至国外的先进科技成果，这注定是一条充满艰辛、拼搏奋斗之路，企业从业人员为此付出了大量的时间、精力和资金等资源，应当在他取得安全方面的业绩后得到相应的回报，也就是多得。

企业从业人员在安全生产方面的多得当然并不单纯是因为他在安全生产方面投入的多，更是因为他在安全生产上的贡献大、成绩好，这一点才是根本所在。

现代社会是一个风险社会，现代生产是一种风险生产，所以企业及其从业人员就更应当将安全放在第一的位置，因为一旦发生生产安全事故，企业所遭受的损失将是巨大的、长久的；相反，企业从业人员抓好安全生产工作，创出优秀安全业绩，给企业带来的收益也将是巨大的、长久的。正因如此，从业人员在安全生产上多劳，就应当多得，特别是对那些在安全生产方面作出突出贡献的人更应当予以重奖，这样才能树立正确的安全生产导向。

《中华人民共和国宪法》第五十三条规定，中华人民共和国公民必须遵守宪法和法律，爱护公共财产。第五十四条规定，中华人民共和国公民有维护祖国的安全、荣誉和利益的义务，不得有危害祖国的安全、荣誉和利益的行为。因此，企业从业人员在安全生产上成绩突出、贡献重大，从大的方面讲，是爱护公共财产、维护国家利益的表现；从小的方面讲，是保护企业生产设施、维护正常生产秩序的表现，既有功于国家，又有功于企业，当然应当多得，只有这样才能树立正确的导向，激励其他人员共同为推进安全生产工作不畏艰险，不懈奋斗。

《安全生产法》第十六条规定："国家对在改善安全生产条件、防止生产安全事故、参加抢险救护等方面取得显著成绩的单位和个人，给予奖励。"

对在安全生产方面取得显著成绩的单位和个人，国家要予以奖励，这当然也是在安全生产工作上多劳多得的一种具体体现。古人曾说："赏罚不明，百事不成；赏罚若明，四方可行。"由此可见赏罚分明的巨大威力和影响。对在安全生产上作出积极贡献者给予适当奖励，其作用是巨大而长远的。

1978年10月11日，邓小平同志在中国工会第九次全国代表大会上致辞指出："任何人对四个现代化贡献得越多，国家和社会给他的荣誉和奖励就越多，这是理所当然的。"（中共中央文献编辑委员会，1994）

美国管理学家里茨指出："要提高员工的工作效率及工作热情，有两个基本方法，第一种方法是甄选比别人更努力的成员，第二种是建立一套奖赏制度。"

法国古典管理理论创始人法约尔指出："应对工作热情和工作有成绩的人予以奖励，应不断地进行人员挑选工作，这样才能建立起一个良好的职工队伍。"

建立安全生产方面的奖赏制度，对安全生产上作出较大贡献的人进行精神上的表扬和物质上的奖励，并号召其他人员向其学习，这就是按劳分配在安全生产领域的具体体现。

在我国安全生产领域，激励方法运用得十分成功的是对探索总结出“白国周班组管理法”的河南省白国周的选树和表彰。

白国周 1987 年参加工作，常年在煤矿井下一线坚持生产。作为中国平煤神马集团七矿开拓四队的一名班长，从事矿工工作 20 多年来，一支保持着安全生产。出于对安全生产工作的重视和对矿工生命的热爱，白国周结合井下生产的现场特点，提炼出了简单易懂、便于操作的以他的名字命名的班组管理法，这就是“白国周班组管理法”。

白国周班组管理法的主要可以概括为“六个三”，具体就是“三勤”——勤动脑、勤汇报、勤沟通；“三细”——心细、安排工作细、抓工程质量细；“三到位”——布置工作到位、检查工作到位、隐患处理到位；“三不少”——班前检查不能少、班中排查不能少、班后复查不能少；“三必谈”——发现情绪不正常的人必谈、对受到批评的人必谈、每月必须召开一次谈心会；“三提高”——提高安全意识、提高岗位技能、提高团队凝聚力和战斗力。

白国周班组管理法是白国周 20 余年安全生产工作经验的总结，是我国安全生产管理方法的一个重要创新，是白国周作为一名基层职工对我国安全生产事业的独特而又重要的贡献。

作为我国安全生产领域的优秀典型，白国周受到了多方面的关注和奖励。

2009 年 4 月，白国周获得了全国总工会“五一劳动奖章”。4 月底 5 月初，中华全国总工会副主席张鸣起，国家安全生产监督管理总局局长骆琳，总局副局长、煤监局局长赵铁锤分别作出批示，对白国周的先进事迹给予充分肯定，要求广泛宣传、认真学习白国周，提高企业安全生产水平。

2009 年 8 月 11 日，中共河南省平顶山市委下达文件，开展向白国周学习的活动。9 月 6 日，河南省总工会、河南省安全生产监督管理局、河南省煤矿安全监督局联合下发文件，号召河南省全省职工向白国周学习。

2009 年 8 月 7 日，中共中央政治局委员、国务院副总理张德江作出批示："煤矿安全生产，加强班组建设、发挥班组作用十分重要，白国周班组管理法是白国周同志在井下工作二十几年安全生产实践经验的总结和不断创新的成果。建议在煤矿系统推广白国周班组管理法，把煤矿安全生产落实到班组。"

随后，中共中央政治局委员、全国人大常委会副委员长、中华全国总工会主席王兆国，中共河南省委书记徐光春也对学习白国周作出批示，要求突出宣传白国周的典型事迹。

2009 年 10 月 27 日，国家安全生产监督管理总局、煤监局、国资委、全国总工会、共青团中央联合印发《关于学习推广"白国周班组管理法" 进一步加强煤矿班组建设的通知》，指出："地方各级煤炭行业管理、煤矿安全监管监察部门和工会、共青团组织，中央和地方各煤矿企业，要站在强化煤矿安全基层基础管理、提升管理水平和维护职工生命健康权益的高度，充分认识学习推广'白国周班组管理法'的重要意义，将其作为加强煤矿企业班组建设、促进煤矿安全生产的重要手段和方法，结合实际，学习推广应用。"

对于在安全生产方面作出重大贡献的单位和个人实行按劳分配，既要注重物质奖励，也要注重精神奖励。

2018 年 5 月 14 日，川航 3U8633 航班在执行重庆至拉萨飞行任务中，驾驶舱右座前风挡玻璃破裂脱落，机组实施紧急下降。面对突发状况，机长刘传健等全体机组成员沉着应对，克服高空低压、低温等恶劣环境，在多部门的密切配合下，成功备降成都双流机场，确保了机上 119 名乘客和 9 名机组成员的生命财产安全。6 月 8 日，四川省、中国民用航空局在成都市举行成功处置川航 3U8633 航班险情表彰大会，川航 3U8633 航班机组被授予"中国民航英雄机组"称号，机长刘传健被授予"中国民航英雄机长"称号；四川省、中国民用航空局还给予机长刘传健 500 万元、梁鹏 200 万元奖励，给予副驾驶员徐瑞辰 100 万元和其他 6 名机组人员 100 万元的奖励。

不仅如此，有关方面还将刘传健的事迹拍成了电影（该电影《中国机长》已于 2019 年 9 月底上映）。请看报道。

川航英雄机长事迹将改编成电影

本报讯（记者　袁云儿）　根据国家电影局发布的 7 月下旬全国电影剧本（梗概）备案、立项公示，博纳影业将拍摄根据川航英雄机长刘传健事迹改编的电影《中国机长》。目前，这一项目已获得原则上同意拍摄的审核结果。

据了解，《中国机长》的故事取材于川航机长刘传健的真实经历，目前刚刚立项，尚处于筹备阶段，主创团队正在搭建之中。该片上映时间，则至少要等到明年。

今年 5 月 14 日，四川航空公司 3U8633 航班从重庆江北机场起飞，到 9800 米高度成都地区巡航时，机组发现飞机右侧内挡玻璃出现裂纹，立即申请下降高度并返航。凭着过硬飞行技术和良好心理素质，机长刘传建带领机组成员驾驶飞机安全备降成都双流国际机场，所有乘客平安。34 分钟惊心动魄的全手动备降过程，也让这段飞行成为中国民航史上一次“史诗级”的飞行。

原载 2018 年 8 月 10 日《北京日报》

美国著名管理学家彼得·德鲁克指出：“人都需要激励。”对于安全生产工作而言，由于其长期性、艰巨性、复杂性和脆弱性，要实现长治久安，就更要强化激励。

要抓好社会主义安全生产，就必须在安全生产工作中实行按劳分配，这是抓好安全生产的一条重要规律。但在实际工作中，很多地方和企业对于这一规律重视不够，执行不力，对那些在安全生产领域多劳者，并没有让他们多得（或多得十分有限），严重挫伤了广大劳动者的安全生产积极性，这种状况必须得到坚决纠正。只有认真遵循按劳分配这一规律，才能有效激发和调动广大社会公民和企业职工开展安全生产工作的积极性，同时也才能彰显公平，这早已被无数事例所反复证明。

第三节　齐抓共管

抓好社会主义安全生产工作，必须坚持齐抓共管，这是一条已经被实践无数次验证了的基本规律，并已在我国安全生产工作体制的历史沿革中体现出来。

从 1985 年到 1992 年，我国实行“国家监察、行政管理、群众监督”的安全生产工作体制。

1985 年 1 月 3 日，全国安全生产委员会成立并召开第一次会议，国务委员、全国安全生产委员会主任张劲夫在会上指出：“认真实行和逐步完善国家监察(劳动部门)、行政管理(经济主管部门)和群众监督(工会组织)相结合的制度。”

从 1993 年到 2003 年，我国实行“企业负责、行业管理、国家监察、群众监督、劳动者遵章守纪”的安全生产工作体制。

1993 年 7 月 12 日，国务院印发《关于加强安全生产工作的通知》，指出：“在发展社会主义市场经济过程中，各有关部门和单位要强化搞好安全生产职责，实行企业负责、行业管理、国家监察和群众监督的安全生产管理体制。”同时规定：“国务院确定，劳动部负责综合管理全国安全生产工作，对安全生产行驶国家监察职权；负责安全生产工作法规、政策的研究制定；组织指导各地区，各有关部门对事故隐患进行评估和整改；代表国务院对特大事故调查结果进行批复，根据需要对特大事故进行调查。安全生产中的重大问题由劳动部请示国务院决定。”

1996 年 1 月 22 日，中共中央政治局委员、国务院副总理吴邦国在全国安全生产工作电视电话会议上指出：“确立了安全生产工作体制。'企业负责、行业管理、国家监察、群众监督、劳动者遵章守纪'的体制得到完善，加重了企业安全生产的责任，对劳动者遵章守纪提出了具体的要求。"

从2004年至今，我国实行"政府统一领导、部门依法监管、企业全面负责、群众参与监督、全社会广泛支持"的安全生产工作体制。

2004年1月9日，国务院印发《国务院关于进一步加强安全生产工作的决定》，指出："构建全社会齐抓共管的安全生产工作格局。""各级工会、共青团组织要围绕安全生产，发挥各自优势，开展群众性安全生产活动。充分发挥各类协会、学会、中心等中介机构和社团组织的作用，构建信息、法律、技术装备、宣传教育、培训和应急救援等安全生产支撑体系。强化社会监督、群众监督和新闻媒体监督，丰富全国'安全生产月''安全生产万里行'等活动内容，努力构建'政府统一领导、部门依法监管、企业全面负责、群众参与监督、全社会广泛支持'的安全生产工作格局。"

从以上我国安全生产工作体制的发展变化中可以得知，抓安全生产工作需要有效凝聚政府、部门、行业、企业、职工群众以及全社会的强大合力，需要方方面面的支持配合，才可能抓好；如果有一个方面、一个环节出现疏漏，安全生产工作就可能前功尽弃。

随着工业生产的高速发展、科学技术的日新月异，以及就业人口的持续增加，影响安全生产的风险和危害因素种类的日益增多，甚至自然因素的变化也会直接影响安全生产，致使事故及灾害的防治日益复杂化，这必然要求有更多的资源、更多的部门共同参与到安全生产工作中来，这就更加凸显齐抓共管的重要性和必要性。

一、坚持齐抓共管，需要发挥企业的作用

企业是安全风险的直接承载者、安全事故的直接承受者、安全责任的直接承担者、安全业绩的直接创造者、安全福祉的直接维护者、安全文明的直接推进者，所以企业是安全生产的内因和根本。

企业的安全生产状况直接关系着国家和社会安全生产工作大局，是安全生产工作的主体，担负着安全生产的主体责任，在对安全生产工作齐抓共管的所有部门和机构中承担着最直接、最重要的职责和任务。

在企业内部各个部门当中，同样需要齐抓共管。

安全生产管理贯穿于企业所有业务的全过程，融入企业各项工作当中，涉及企业的方方面面、所有环节。因此，安全管理是企业全员、全方位、全过程、全天候的管理，是一项系统工程。抓好企业安全生产工作，不是靠单个人或单个部门就能完成的，只有将安全生产任务和责任分解到企业的每一个部门和单位，形成横向到边、纵向到底的完备网络，才可能抓好。

1963 年 3 月 30 日，国务院印发《关于加强企业生产中安全工作的几项规定》，指出："企业单位中的生产、技术、设计、供销、运输、财务等各有关专职机构，都应该在各自业务范围内，对实现安全生产的要求负责。"这一规定，实际上就是要求企业在开展安全生产工作时应当采取齐抓共管的方法。

1986 年 12 月 23 日，时任上海市市长的江泽民同志在上海市安全生产工作会议上指出："在一个企业里，安全生产工作在厂长的领导下，各职能部门在各自的业务范围内都有安全生产的职责……安全工作的好坏，是一个系统、一个企业各项工作的综合反映，安全工作不渗透到各个部门、各个环节，不和各个部门的具体业务结合起来是不行的。"

江泽民同志专门强调："要改变那种认为安全只是安全部门的事的观点。"在这次会议上，江泽民同志十分鲜明地提出了企业安全生产工作并不只是安全部门的事，而是各个部门和环节共同的事，这既是科学方法，又是根本规律，是抓好企业安全生产工作必须严格遵守的。

安全生产，人人有责。企业坚持齐抓共管的安全生产机制，在注重抓好前线生产单位及职工的同时，还要高度重视抓好机关后线单位和机关工作人员的安全工作，实行“前线、后线齐抓共管”。

笔者供职于石油天然气勘探开发生产企业，这是一个高危生产企业，要实现安全生产，就必须付出比其他非高危企业从业人员更大的努力。因此，在企业生产一线职工尽职尽责抓安全的同时，还需要所有在机关后线工作的职工也为安全生产出力加油。对此，笔者于2019年2月13日为自己所在的机关部门专门制定了《安全型办公室创建行动计划》，具体内容如下。

油气藏地质研究所安全型办公室创建行动计划

创建口号：当好三个安全员，平安2019年。

创建方法：“1133”，即恪守一个宣言，每月百字感悟，当好三个安全员，履行“三责”。

具体要求：

恪守一个宣言：恪守油气藏地质研究所“安全宣言”：

安全是国家繁荣富强、社会和谐进步、企业持续发展、人民幸福安康的保障。为了自身安好、家庭安乐、单位安全、社会安泰、国家安宁，我将尽自己的努力，重视安全、学习安全、维护安全、拥有安全，为促进个人安全成长和国家安全发展而不懈奋斗。

每月百字感悟：研究所每人每月底写出100字的感悟。

当好三个安全员：当好办公室安全员、上下班途中安全员、家庭住宅安全员，不发生任何大小事故。

履行“三责”：我的安全我负责，你的安全我有责，油田安全我尽责。

通过以上工作，使油气藏地质研究所2019年办公室安全文化建设不仅走在东河油气开发部机关部门前列，而且走在塔里木油田公司机关部门前列。

二、坚持齐抓共管，需要发挥政府及有关部门的作用

1985年1月3日，经国务院批准，全国安全生产委员会成立，由国家经委、国家计委、劳动人事部、卫生部、公安部、财政部、广播电视部、煤炭部、冶金部、化工部、铁道部、交通部、机械部、农牧渔业部、国防科工委、国家核安全局、全国总工会等部门的领导同志任委员，国务委员、国家经委主任张劲夫同志任主任。全国安全生产委员会的职责是在国务院的领导下，研究、统筹、协调、指导关系全局的重大安全生产问题，具体工作由各相关部门承担。仅从全国安全生产委员会的组成部门就可以清楚地知道，要抓好安全生产工作需要多少政府部门的参与配合。

进入21世纪，随着全社会“以人为本”理念的日益深入人心，国家对企业安全生产的要求越来越高，对发生事故的企业及相关责任人员的惩处越来越严，所涉及的政府部门同以往相比也更多。

为了督促企业进一步重视和抓好安全生产工作，国家安全生产监督管理总局适时推出安全生产事故企业黑名单制度，请看报道。

安监总局：将实行安全生产事故企业黑名单制度

新华网北京10月24日专电 安监总局新闻发言人、煤矿安监局副局长黄毅在接受中国政府网专访时表示，我国近期将实行安全生产事故企业黑名单制度。今年以来发生重特大事故的企业都要上黑名单，而且这个黑名单近期将会在《人民日报》公布。

黄毅表示，安监总局正在制定黑名单制度的具体办法，工商、金融、保险以及具有资质管理的部门都将对上了黑名单的企业实施必要的制裁。通过这种措施，来促使企业要讲诚信，守信用，自觉地履行社会责任。

原载2008年10月24日新华网

2010 年 2 月，国家安全生产监督管理总局公布了 2009 年全国重特大生产安全事故责任企业名单，也就是安全生产“黑名单”。之后全国许多省（区/市）也陆续制定了安全生产“黑名单”制度。

2010 年 11 月 16 日，河北省人民政府办公厅印发《河北省安全生产“黑名单”管理制度》，其中第七条明确规定：对列入“黑名单”的生产经营单位，由省安委会办公室向投资、国土资源、建设、银行、证券、保险、工会等主管（监管）部门通报有关情况，“黑名单”管理期限内严格限制新建项目审批、核准、备案以及用地、证券融资、贷款等，暂停其享受的相关优惠政策，不得评优评先。省直新闻媒体根据省安委会办公室提供的信息，及时反映相关限制措施的落实情况。

2012 年 5 月 31 日，辽宁省人民政府办公厅印发《辽宁省实施企业安全生产黑名单制度暂行办法》，规定：省发展改革委、省经济和信息化委、省国土资源厅、省住房城乡建设厅、省工商局、省质监局、辽宁银监局、人民银行沈阳分行接到通报后，要严格限制列入黑名单企业新增项目审批、核准、备案、用地审批、证券融资、银行贷款等，并及时向省安全生产监管局反馈有关情况。列入黑名单的企业不得评选先进企业、文明单位、安全生产标准化等各类有关企业荣誉事项，并对其主要负责人的各类评先评优实行一票否决。

三、坚持齐抓共管，需要发挥人民代表大会和政治协商会议的作用

2016 年 12 月 9 日，中共中央、国务院印发《关于推进安全生产领域改革发展的意见》，指出：“发挥人大对安全生产工作的监督促进作用、政协对安全生产工作的民主监督作用。”请看报道。

全国人大常委会在皖开展安全生产法执法检查

新华社合肥 10 月 16 日电（记者　徐博）　全国人大常委会安全生产法执法检查组 12 日至 16 日在安徽省进行执法检查。全国人大

常委会副委员长吉炳轩在检查中指出,安全生产关乎人民生命财产安全,事关改革发展稳定大局,事关党和政府形象,也事关企业生产经营和建设发展。要通过执法检查,进一步推动安全生产法的全面贯彻落实,推动安全生产工作提高到一个新的水平。

检查组听取了安徽省政府、合肥市政府、阜阳市政府的汇报,深入江淮汽车、晶弘电器、科大讯飞、金种子集团等企业和合肥市长丰县陶楼镇古城社区、阜阳市十八里铺社区等地,实地了解安全生产情况,与一线职工和市民座谈,听取对安全生产法贯彻执行的意见建议。

吉炳轩指出,安徽省委、省人大、省政府高度重视安全生产工作,加强组织领导,加大普法宣传力度,及时制定修订地方法规规章,突出重点领域治理和隐患消除,增强应急救援能力建设,强化责任落实和责任追究,创造了一些好的经验做法,值得总结推广。

吉炳轩说,做好安全生产工作,要牢固树立以人为本的工作、生产和管理理念,要确立积极主动的安全生产观,要依靠法律、政策和制度保障,把问题解决在萌芽状态、未发之时。

吉炳轩强调,安全生产是一个系统工程,各级党政领导班子必须要负起领导责任;安全生产监管部门必须要负起监管的责任;行业管理部门必须负起行业管理的安全责任;所有企业必须要对安全生产负主体责任。

新华社 2016 年 10 月 16 日播发

四、坚持齐抓共管,需要发挥工会、共青团等的作用

1956 年 5 月,国务院印发《工厂安全卫生规程》《建筑安装工程技术规程》《工人职员伤亡事故报告规程》,指出:“各级工会组织应广泛地向职工进行宣传教育,使职工群众关心和监督这些规程的实施,向漠视和违反规程的行为坚决斗争。”

1978 年 10 月 11 日,邓小平同志指出:“工会组织要督促和帮助

企业行政和地方行政在可能的范围内，努力改善工人的劳动条件、居住条件、饮食条件和卫生条件。”(中共中央文献编辑委员会，1994)

1979年11月4日，中共中央政治局委员、全国人大常委会副委员长邓颖超在中华全国总工会九届二次执委(扩大)会议上指出：“有一条非常重要，就是怎样预防和减少工伤事故，保障安全生产，保障工人的健康、生命的安全。我最近看到一个材料，工伤事故相当大，相当厉害。我们不注意这个方面，整天要工人参加生产，发展生产，可是我们人口的损失简直是很难补偿的。一个工人统共十几岁，二十几岁，三十几岁，他二三十年才有那么一个人啊。但我们一次工伤事故就是几十人、上百人这样牺牲，那我们还要多少年才能找得回来那么多人。所以这一点我提出来，请工会工作的同志考虑，是不是更要着重提一下。这是讲我们工会工作要为工人服务，你们提了一些，我再补充一点。”

按照我国《劳动法》《工会法》《安全生产法》和中华全国总工会于1985年颁发的关于工会劳动保护安全监督检查三个条例的要求，工会的一项十分重要的职能就是代表和维护职工在生产劳动过程中的合法权益——劳动安全和健康，同忽视安全、玩忽职守、违反国家有关劳动安全卫生法规的企业经营管理者的错误行为进行坚决斗争，参与企业安全生产计划的制定和监督执行，组织职工参加安全生产工作的民主管理和民主监督，协助企业行政开展职工安全教育培训，参加伤亡事故的调查处理，等等。

无论是中央领导同志的讲话，还是有关法律、文件，都对工会组织推进安全生产、履行安全职责提出明确要求，指明前进方向，同时也赋予了充分的权力，使工会组织开展安全工作具备了十分有利的条件。

2005年6月22日，中华全国总工会印发《工会劳动保护工作责任制(试行)》，规定：职工在生产过程中的安全健康是职工合法权益的重要内容。各级工会组织必须贯彻“安全第一、预防为主”的方针，坚持“预防为主、群防群治、群专结合、依法监督”的原则，依据国家有关法律法规的规定，履行法律赋予工会组织的权利与义务，独立自主、认真负责地开展群众性劳动保护监督检查活动，切实维护职工安全健康合法权益。

为了给工会组织开展安全生产工作提供更加有力的支持，《安全生产法》第七条规定：“工会依法对安全生产工作进行监督。生产经营单位的工会依法组织职工参加本单位安全生产工作的民主管理和民主监督，维护职工在安全生产方面的合法权益。生产经营单位制定或者修改有关安全生产的规章制度，应当听取工会的意见。”

2011 年 11 月 26 日，国务院印发《国务院关于坚持科学发展安全发展　促进安全生产形势持续稳定好转的意见》，指出：“支持各级工会、共青团、妇联等群众组织动员广大职工开展群众性安全生产监督和隐患排查，落实职工岗位安全责任，推进群防群治。”

2016 年 12 月 9 日，中共中央、国务院印发《关于推进安全生产领域改革发展的意见》，指出：“发挥工会、共青团、妇联等群团组织作用，依法维护职工群众的知情权、参与权和监督权。”

为了履行好工会组织的劳动保护职责，维护职工的安全健康权益，各地工会组织做了大量工作，并探索出不少成功经验。

五、坚持齐抓共管，需要发挥学校和学生的作用

学校和学生是一支抓好社会主义安全生产工作的重要力量，但时至今日这支重要力量的作用还没有得到充分发挥。

从我国小学、中学、大学在校学生抓起，提高他们的安全素质，主要基于两个方面的考虑，一是学生由于其安全意识、安全知识的欠缺以及社会经验的不足，同社会其他人群相比，更容易受到伤害；二是我国一代又一代社会主义建设事业的接班人绝大多数都是从学校走出来的，在校学习期间打好安全素质的基础，走上工作岗位后更容易成为一个合格的接班人，成为一名具有高度安全素养的产业工人。

国家安全生产监督管理总局2006年1月17日发布、后于2013年8月和2015年5月两次修正的《生产经营单位安全培训规定》第四条规定:“生产经营单位接收中等职业学校、高等学校学生实习的,应当对实习学生进行相应的安全生产教育和培训,提供必要的劳动防护用品。学校应当协助生产经营单位对实习学生进行安全生产教育培训。”

除此之外,国家安全生产监督管理总局2012年1月19日发布、后于2013年8月和2015年5月两次修正的《安全生产培训管理办法》第十条也作了完全相同的规定。

2017年4月1日起实施的国家标准《企业安全生产标准化基本规范》明确规定:“企业应对进入企业从事服务和作业活动的承包商、供应商的从业人员和接收的中等职业学校、高等学校实习生,进行入厂(矿)安全教育培训,并保存记录。”

从以上规定可以看出,学生到生产经营单位实习,也要经过安全生产教育和培训,而且学校还要协助生产经营单位对实习学生进行安全生产教育培训。显然,只要进入生产经营单位,无论是企业正式职工还是实习人员,都必须掌握必要的安全知识和技能,换句话说,就是安全素质是企业职工的必备素质之一。及早认清这一要求,中等职业学校和高等学校的学生早早学习相关的安全生产知识,提高自身安全素质,这对于提高这些学校毕业生的就业竞争力以及在进入企业后成为具有较高安全素质的合格职工都大有帮助。

六、坚持齐抓共管,需要发挥社会舆论的作用

社会舆论对安全生产工作的支持,包括举报投诉、公益宣传、知识普及、先进典型报道,以及在安全生产工作中的舆论导向等。所有这些,对于增强全社会的安全意识、普及安全科学文化知识、营造浓厚安全氛围等都具有巨大的作用。

安全生产具有长期性、艰巨性、复杂性、反复性等特点,一时抓好

已属不易，长期保持更加困难，因此必须有效激发企业全体职工的安全工作热情，使他们拥有持久的动力，而不能仅仅依靠对发生事故、没有完成安全生产指标的严肃处理。对此，树立良好的安全风尚、营造浓厚的安全氛围、坚持正确的安全导向就必不可少。

树立安全风尚，实际上就是一种坚持“安全第一”的导向，就是向企业全体职工公开宣示安全生产最为宝贵的价值观念，就是宣扬一种“以安全为荣、以事故为耻”的安全荣辱观，笔者将其归纳为“四荣四耻”，即：以重视安全为荣，以漠视安全为耻；以学习安全为荣，以不学安全为耻；以掌握安全为荣，以不懂安全为耻；以实现安全为荣，以造成事故为耻。

坚持“四荣四耻”的安全荣辱观，使广大职工对于在安全生产方面应该坚持什么、反对什么，倡导什么、抵制什么有一个清晰、明确的认知，进而影响他们的实际行动，正是树立安全生产风尚的巨大作用和功效，也是抓好企业安全生产工作的一个有效途径，而目前这一方法还没有被全国众多企业所认同和应用，应当大力推广。

树立良好的安全风尚、营造浓厚的安全氛围、坚持正确的安全导向，离不开社会舆论的积极引导和有力监督。宣扬安全生产工作中的真、善、美，抨击安全生产工作中的假、恶、丑，引导广大社会公众关注安全生产、维护安全生产，正是社会舆论推动安全生产工作的职责和使命。

2017年1月12日，国务院办公厅印发《安全生产“十三五”规划》，指出：“社会协同，齐抓共管。完善党政统一领导、部门依法监管、企业全面负责、群众参与监督、全社会广泛支持的安全生产工作格局，综合运用法律、行政、经济、市场等手段，不断提升安全生产社会共治的能力与水平。”

社会主义生产的唯一目的是满足人民的物质和文化生活需要，这就要求社会尽最大努力提供尽可能多的产品和财富，为此，就必须使社会生产正常、安全、持续进行。为了整个社会的共同利益以及每个社会成员的利益，社会主义社会的每个部门、每个成员都应当担负起保障安全生产的崇高职责，只有这样才能凝聚起对安全生产工作齐抓共管的最大合力。坚持对安全生产进行齐抓共管，也充分体现了社会主义制度的优越性。

抓好社会主义安全生产的根本途径在于遵循社会主义安全生产规律，这就要求全社会将遵循社会主义安全规律当作开展安全生产工作的首要大事来抓，严格按照以人为本、按劳分配、齐抓共管的规律组织开展安全生产工作。只有这样，才能不断提高安全生产工作水平，开创安全生产新局面。

第四章　社会主义安全生产机制

《安全生产法》第三条规定："建立生产经营单位负责、职工参与、政府监管、行业自律和社会监督的机制。"

"单位负责、职工参与、政府监管、行业自律、社会监督"，这是相互配合、紧密协作的一个整体，是一个从内部到外部、从生产经营单位到政府、行业和社会的总体格局，也是经过我国几十年安全生产工作实践证明的有效方法，在实际工作中发挥了应有的作用。

同其他工作相比，安全生产工作有一个十分突出的特点，就是涉及各行各业、各个方面，同时又影响各行各业、各个方面，因此就需要整个社会的各个领域、各个方面、各个环节都要参与其中，共同为抓好安全生产工作添砖加瓦、保驾护航。正是这个特点，决定了社会主义安全生产机制具有广泛性和全面性，同时又具有配合性和协作性，通过这样的安全机制，能够最大限度地整合和凝聚整个社会各个方面的安全力量。

第一节　单位负责

生产经营单位负责，是社会主义安全生产机制的核心，是最根本的要求。

人类社会的历史，就是一部生产力发展的历史。马克思认为，生产是整个人类社会生存发展和创造历史的基本前提，必须连续不断地、一刻不停地进行。他指出："不管生产过程的社会形式怎样，它必须是连续不断的，或者说，必须周而复始地经过同样一些阶段。一个社会不能停止消费，同样，它也不能停止生产。"（中共中央文献编辑委员会，1975a）

社会主义国家要进行生产特别是不停顿的生产，就必须要有相应的生产组织、生产机构，也就是生产经营单位，主要是工厂、企业，同时还包括经营销售等单位，其中的主体是企业。

我国社会主义工业企业是建立在生产资料社会主义公有制基础上的，运用现代生产技术从事生产经营活动的独立的经济实体，它具有企业的一般特征，同时又具有现代工业企业的自然特征和社会主义企业的特征。

企业是市场经济条件下的社会经济基本单元，它是随着商品生产的高度发达而形成的，是专门从事商品生产和流通的社会机构，它是建立在现代科学技术基础上的、具有高度分工与协作的社会化大生产基本单位。

现代工业企业具有两个十分突出的特点，第一个特点是广泛采用机器和机器体系生产，拥有复杂的现代技术装备，科学技术的作用在生产中日益明显。现代工业企业通常拥有动力设备、传动装置、起重运输机械等整套生产设备，还有各种炉、罐、管、线和仪器仪表，以及自动控制系统。机器和机器体系有其自身的运行规律，它使企业具有高度的组织性、科学性和技术性。随着科学技术的迅猛发展，工业生产中的科学技术的作用越来越大，系统地运用现代科学技术知识，不断认识和运用生产技术发展的规律，有效创造和使用现代技术装备和技术方法，合理组织生产过程，大力促进生产发展已经成为现代工业企业的重要特征。

现代工业企业的第二个特点是适应科学技术发展的要求，分工与协作进一步发展，生产高度现代化。现代工业企业是既有严密分工又有高度协作的复杂的生产体系，整个生产过程包括一系列相互衔接、紧密配合的部门和环节，采用不同的机器设备，有着不同工种的工人和许多专业的工程技术人员共同进行生产，任何产品都是整个企业全体职工共同劳动的成果。现代工业企业根据技术装备的要求，合理进行分工和组织协作，使各个环节乃至每个工人的活动都同整个机器体系的运转协调一致，使生产顺利进行。正如列宁所说："大机器工业与以前各种工业形式不同的一些特点，可以用一句话来概括：劳动的社会化。"（中共中央马克思恩格斯列宁斯大林著作编译局，1957）

无论任何时代，生产劳动对于人类来说都是必不可少的。人们要生存和发展，就会产生对生活资料的消费需要，因此，社会需要就成为人们经济活动的出发点。马克思和恩格斯正是从这一前提出发将生产物质产品的生产活动，称为人类"第一个活动"。他们这样写道："我们首先应当确定一切人类生存的第一个前提也就是一切历史的第一个前提，这个前提就是：人们为了能够'创造历史'，必须能够生活。但是为了生活，首先就需要衣、食、住以及其他东西。因此第一个历史活动就是生产满足这些需要的资料，即生产物质生活本身。"（中共中央编译局，1972c）

然而，在不同的时代，在不同的社会条件下，生产劳动是不同的。

马克思指出："劳动过程只要稍有一些发展，就已经需要经过加工的劳动资料。"（中共中央编译局，1975a）

为了进一步发挥力量，为了更好地实现预定的劳动目标，劳动者在进行生产劳动时就必须使用劳动资料，通过利用其机械的、物理的和化学的属性，达到扩大劳动对象、降低劳动强度、缩短劳动时间、提高劳动效率、增加劳动成果等目的。

从社会生产发展的历史来看，人类在生产劳动过程中所使用的劳动资料经历了从简单到复杂、从低级到高级、从简陋到精密的不断进步的过程。起初，人们在劳动时使用简单的工具，进行着手工生产，并以人力畜力作为动力，生产效率和劳动成果受自然因素和手工工具的制约很大。这种状况一直持续了漫长的时期，到18世纪工业革命以后才得到改变。随着机器和机器体系的发明应用，人类生产力达到了前所未有的空前高度。可以认为，资本主义战胜封建主义，取得比过去一切世代创造的全部生产力总和还要多的重要武器，在生产关系上就是实行生产的专业化、协作化和产品的社会化，在生产力上就是大机器生产。

当今人类社会所拥有的认识自然、改造自然、生产产品、创造财富的巨大能力，是同现代工业生产体系分不开的，而现代工业生产体系又是同机器和机器体系分不开的。机器——马克思称之为“工业革命的起点”，在人类社会发展特别是生产力发展过程中占据着特殊重要的地位，正是由于机器和机器体系的出现，才使资本主义机器大工业得以建立，从而大大提高了社会生产力，这是人类社会进步的一个重要里程碑。

社会主义工业企业同样要采用机器和机器体系生产，这是生产力发展的必然要求。社会主义工业企业作为社会主义社会的主要商品生产者，它的生产活动，构成了人们生存和社会发展的基本条件，整个经济社会的发展，都以这些企业的素质、能力、生产效率、经济效益为基础，为前提。因此，为了保证经济社会的有效运行和人民生活的正常进行，就必须保证企业的正常生产，就必须保证其生产的安全——而这一点，首先是企业即生产经营单位自己的职责，正如国务院 2004 年 1 月 9 日印发《国务院关于进一步加强安全生产工作的决定》所指出的，做好安全生产工作“是企业的生命”。

社会主义的社会生产离不开生产企业和其他经营单位，要保证社会运行正常有序，就必须保证企业的安全生产和安全经营，这是一个十分明显的道理；因此，社会主义安全生产机制的首要一条，就是生产经营单位负责。

《安全生产法》第四条对生产经营单位的安全生产职责作了明确规定：“生产经营单位必须遵守本法和其他有关安全生产的法律、法规，加强安全生产管理，建立、健全安全生产责任制和安全生产规章制度，改善安全生产条件，推进安全生产标准化建设，提高安全生产水平，确保安全生产。”

社会主义安全生产机制之所以首先强调“生产经营单位负责”，是由现代工业生产也就是现代化的大机器生产的实质所决定的，在科学技术的武装下，现代工业生产已经成为一种“双重生产”，这是同以往工业生产的一个根本性的区别。

那么，“双重生产”是一种什么样的生产呢？

任何时代的生产力无不是由诸多要素结合在一起才产生的，其中的差别只是各个要素在不同时代所发挥作用的方式和形态不同。在当代生产力的运行过程中，在科技的引领和推动下，一方面劳动者越来越成为科技化的劳动者，另一方面劳动者所从事的活动也越来越趋向于科技活动；一方面劳动工具越来越成为科技化的劳动工具，另一方面劳动工具的进步完善越来越以科技为核心和先导。

正是这种情况下，在生产力的两个重要因素——劳动者和劳动资料已经被科学技术全面武装的情况下，工业生产也就是当代大机器生产的实质已经发生了根本性的变化，形成了“双重生产”这一崭新的劳动生产方式：

——以前是具体生产，现在既是具体生产又是抽象生产；

——以前是专门生产，现在既是专门生产又是通用生产；

——以前是有形生产，现在既是有形生产又是无形生产；

——以前是直接生产，现在既是直接生产又是间接生产；

——以前是单一生产，现在则是复合生产。

那么，以上所提到的诸多生产是什么含义呢？

所谓具体生产、专门生产、有形生产、直接生产、单一生产，是指企业或工厂生产制造出某种具有使用价值的产品，比如机械厂制造出机器、钢厂生产出钢材、发电厂发出电；所谓抽象生产、通用生产、无形生产、间接生产，是指在生产过程中一种特殊产品——安全的生产。同机器、钢材以及电力等产品相比，“安全”这种产品就显得比较抽象和无形。既生产某种具有使用价值的具体产品，同时又生产“安全”这种产品，这就是复合生产。同一个生产过程同时产出两种不同形态的产品，这就是双重生产。

有“双重生产”，当然也会有“双重产品”，现代工业生产所创造出来的产品，就是“双重产品”，这也是当今企业生产出的产品同以往的产品的一个根本性的区别。

所谓“双重产品”，是指生产经营单位所创造出的物质产品首先是一种“安全产品”，其次才是某种有实际使用价值的产品。这种“安全产品”，既是无形的，又是总体的，是生产经营单位全体人员共同创造的；相比较而言，那种有实际使用价值的产品一般是有形的、单个的，是生产经营单位部分人员创造出来的，这就是“安全产品”同有实际使用价值的产品之间的区别。

生产经营单位的生产是双重生产，生产经营单位创造出的产品是双重产品，哪一项都离不开安全，这足以说明安全的重要性，实行“生产经营单位负责”的安全生产机制，就成为一种必然选择，这既有利于抓好安全生产，又有利于生产经营单位的持续健康发展。

要抓好社会主义国家的安全生产工作、提高社会主义社会的安全生产水平，必须明确安全生产工作的主体——社会主义国家的生产经营单位，正是这些生产经营单位支撑了现代经济，生产了各种产品，创造了巨大财富，但同时又催生和聚集了无数的安全风险和隐患，成为国家和社会安全事故的“富集区”和“危险源”；相应的，控制安全风险、消除安全隐患首先应当是这些生产经营单位的职责和义务，是它们不可推卸的责任，这一重大责任首先必须由生产经营单位担负起来。

第一，生产经营单位安全生产关系着社会生产正常进行。

要保障一个社会的正常运行，就离不开人们日常生活所需要的各种产品的正常供应，就离不开生产经营单位的正常生产，就离不开机器设备的安全生产。

恩格斯指出，大工厂能够用机器代替手工劳动并把劳动生产率增大千倍。这一成效，使人类生产产品、保障供应的能力大大提升，当然是人类的福音，但另一面也反映出人类对于工厂和机器的过度依赖。如今，不仅工农业生产离不开机器，而且人们的日常生活也时时刻刻离不开机器，一旦机器停止运行，人类社会将立刻陷入物品短缺、能源中断、运输停滞、混乱无序的状况。要保证机器的正常生产运行，就必须抓好企业安全生产工作。

同样是生产劳动，但在不同时代、不同条件下的生产劳动，其效率和效益是完全不同的。在科技不发达、社会生产力水平低下的时代，人们生产劳动所使用的劳动资料是手工工具，一个劳动者在单位时间内生产的物品、创造的价值十分有限；而在工业化时代，劳动资料变成了机器和机器体系，通过采用流水线生产方法，劳动者的劳动生产率同以往相比大幅度提高了，正如邓小平同志所说："同样数量的劳动力，在同样的劳动时间里，可以生产出比过去多几十倍几百倍的产品。社会生产力有这样巨大的发展，劳动生产率有这样大幅度的提高，靠的是什么？最主要的是靠科学的力量、技术的力量。"（中共中央文献编辑委员会，1994a）

邓小平同志所说的劳动力"可以生产出比过去多几十倍几百倍的产品"，所依靠的就是现代化的机器和机器体系，机器生产的这一巨大优势，却又给现代社会带来另一种风险，就是一旦机器生产中止、产品供应中断，社会正常运行将会受到极大的冲击，引发秩序混乱和人心动荡，也就是说，现代社会的正常运行很大程度上依赖现代工业生产的正常运行，依赖生产经营单位的安全生产。在这种情况下，抓好安全生产工作就是在维护人民群众的生命线、幸福线。

第二，生产经营单位安全生产关系人员安全健康。

企业安全生产关系人员安全健康，有两方面的含义，一是关系工厂企业内部职工的安全健康，二是关系工厂企业周围人们的安全健康，无论哪个方面都事关重大，决不能掉以轻心。

企业最重要的资源是工人，是劳动者，抓好企业安全生产工作的首要任务就是保护劳动者的生命安全和身体健康不受伤害。但由于企业是风险最多的地方，目前还无法完全消除风险和事故，导致许多工人因为生产安全事故而受到伤害。正如联合国秘书长科菲·安南1997年所指出的："据估计，全世界每年发生2.5亿起事故，其中工伤事故死亡33万人，交通事故死亡约70万人。另外，有1.6亿工人罹患本可避免的各种职业病，近30万人死于职业病。而为数更多的工人，其身心健康和福利状况受到种种威胁。"

生产经营单位的安全生产工作抓不好，发生生产安全事故，对单位从业人员的伤害是巨大的。1960年5月9日，山西省大同市老白洞煤矿爆炸事故，导致684人遇难。2000年12月25日，河南省洛阳市东都商厦发生特大火灾事故，导致309人死亡。

企业安全生产状况的好坏，还会直接影响周围群众的正常生活秩序。一家工厂企业发生生产安全事故，致使周围无数居民紧急疏散，这样的事例不胜枚举。

2004年2月15日下午，位于重庆市江北区的天原化工总厂氯氢分厂工人发现，2号氯冷凝器有氯气泄漏，厂方随即进行处置。16日1时左右，列管发生爆炸；凌晨4时左右，再次发生局部爆炸，大量氯气向周围弥漫。由于化工厂四周民居和单位较多，重庆市连夜组织人员疏散周围居民。2月16日17时57分，5个装有液氯的氯罐在抢险处置过程中突然发生爆炸，黄绿色的氯气冲天而起，有9人死亡和失踪。事故发生后，重庆市消防特勤队员昼夜连续用高压水网(碱液)进行高空稀释，在较短的时间内控制了氯气扩散。这次事故影响到了重庆市江北区、渝中区和沙坪坝区三个地方。事故发生后，重庆市立即疏散了1千米范围的15万名群众。4月19日才彻底清除危险源。

可见，企业安全生产状况的好坏影响的绝不只是企业本身，还会对企业周边人员和环境造成重大影响。特别是在当今时代，随着企业集团化、规模化的日益发展，很多企业和生产经营规模越来越大，一旦出事其危害程度也会越来越大，影响的人群范围也越来越大。

对此，企业必须切实抓好安全生产，认真履行社会责任，做到造福一方，而不能为害一方。

第三，生产经营单位安全生产关系财富持续增加。

随着我国工业化、城镇化的持续推进，生产经营规模不断扩大，传统和新兴生产经营方式并存。生产、生活领域面临着广泛的风险隐患，其中最严峻的当属工业生产方面的风险。

2005年9月20日，国际风险管理理事会大会在北京召开，国家安全生产监督管理总局局长李毅中在会上指出："科技的创新、经济的发展、社会的进步，加速了经济全球化的进程，我们将面临自然、经济、政治以及人类健康安全环境等各方面越来越多的风险和挑战……目前中国正进入人均国内产值1000至3000美元的快速发展阶段，国内外的经验告诉我们，在这一阶段也是生产事故的易发期，中国的安全生产面临着严峻的挑战。"

2007年5月9日，中国红十字会主办的主题为"社会力量在应急管理中的作用"的第二届博爱论坛在北京召开，国务院应急管理专家组组长闪淳昌指出："在我国，每年因自然灾害、事故灾难、公共卫生和社会安全等突发事件造成的非正常死亡超过20万人，伤残超过200万人，经济损失超过6000亿元人民币，我国全民防灾意识教育还相当薄弱。"国家安全生产监督管理总局副局长王德学指出："安全生产涵盖各地区、各行业、各领域，事故灾难多种多样，何时、何地发生何种事故，以及会造成什么样的后果，都具有高度的不确定性。"

企业安全生产责任十分重大，就在于它的生产安全好坏直接关系着劳动成果和社会财富的安危，一旦发生事故，财富的损失将是巨大的。无论国家、社会、企业还是个人，财富的创造和积累都是很不容易的，是无数人花费许多代价才形成的；但这些财富的毁坏却是十分容易的，一场事故，巨大的社会财富在短短几小时甚至几分钟之内就会化为乌有，这样的事例数不胜数。

——1986年4月26日，乌克兰北部切尔诺贝利核电站发生泄漏事故,这是全世界损失最为惨重的一次事故。核电站4号机组爆炸,大量放射性物质泄漏,影响了欧洲大部分地区,320多万人受到核辐射伤害,31人当场死亡,给乌克兰造成数百亿美元的直接损失。但事故危害远不止这些,当切尔诺贝利核泄漏有关的死亡人数,包括数年后死于癌症者,约有12.5万人;相关花费,包括清理、安置以及对受害者赔偿的总费用,约为2000亿美元。

——1988年7月6日,英国北海阿尔法钻井平台发生爆炸,这是世界海洋石油工业史上最大的事故,而事故起因却源于一个接一个的小小疏忽。一个已经拆下了安全阀的泵被当作备用泵启动,导致大量凝析油冲破盲板法兰外溢,遇到火花发生爆炸。这本是一个小型爆炸,平台上的防火墙原本可以隔离大火,然而,能够承受住高温的防火墙都未能经受爆炸的冲击力,碎片撞断了一条天然气管道,引发了第二次爆炸。大火延绵不断,无法控制,最终使钻井平台坍塌,倒入大海。这次事故损失十分惨重,钻井平台上共有226人,只有61人被救生还,165人死亡,经济损失34亿美元。

——2008年9月12日,美国加利福尼亚州洛杉矶西北约50千米处,两列火车相撞,造成25人死亡,100多人受伤,对伤亡人员的赔偿达5亿多美元。

不仅仅是外国,我国也有许多事故造成重大人员伤亡和经济损失。

——1993年8月5日,广东省深圳市清水河危险化学品仓库发生火灾,并引发连续爆炸,导致15人死亡,800多人受伤,3.9万平方米建筑物毁坏,直接经济损失2.5亿元。

——2008年9月8日,山西省临汾市新塔矿业有限公司尾矿库发生特别重大溃坝事故,造成277人死亡,4人失踪,33人受伤,直接经济损失9600多万元。

——2013年6月3日,吉林省德惠市宝源丰禽业有限公司发生特别重大火灾爆炸事故,造成121人死亡,76人受伤,1.7万平方米主厂房被损毁,直接经济损失1.82亿元。

——2013 年 11 月 22 日，位于山东省青岛市经济技术开发区的中石化东黄输油管道泄漏爆炸，造成 62 人死亡，136 人受伤，直接经济损失 7.5 亿元。

从以上中外事故案例可以看出，无论火灾、交通事故还是其他生产事故，仅从物质财富的损失上看就已经十分大了，而这还只是直接经济损失；如果加上间接经济损失，总损失将更大。

企业的财富除了厂房、设备等固定资产和流动资金，还包括企业所拥有的品牌价值。

当今世界经济已经呈现出市场国际化、企业跨国化、竞争白热化的特点，在这种情况下，品牌的作用更加凸显。根据联合国工业计划署统计，全球共有 8.5 万个品牌，其中著名品牌所占比例不到 3%，但却拥有世界 40%以上的市场份额。名牌产品的销售额占了全球销售额的 50%(见 2007 年 1 月 8 日《经济参考报》)。在发达国家国民生产总值中，60%是由品牌企业贡献的，而中国只有 20%。(见 2007 年 1 月 15 日《经济参考报》)。

2019 年 6 月，世界品牌实验室发布了 2019 年《中国 500 最具价值品牌》分析报告，国家电网品牌价值 4575 亿元，居第一位；工商银行品牌价值 4156 亿元，居第二位；海尔品牌价值 4075 亿元，居第三位。

品牌已经成为企业财富的重要组成部分，要保护好企业的财富，就必须抓好安全生产，否则一旦发生事故，不仅企业的有形财富会受到损失，包括品牌在内的无形财富也会受到损失。

生产经营单位的安全生产状况关系到财富的持续增加，并不仅指直接的物质资料和财富的安全与否，在生产安全事故中死亡及受伤的人员，他们也关系着社会财富的增减。

任何一个国家的生产都是“两种生产”，一种是生产资料和生活资料也就是社会财富的生产，另一种是人口本身的生产，也就是人类自身的繁衍。要保持经济社会持续发展，任何一种生产都不能忽视。一个人从出生到成为一名具有社会平均劳动能力的劳动者，无论是家庭还是社会,都付出了相应的成本,并期待其在今后工作的几十年时间里为家庭和社会作出相应的贡献。劳动者在工厂企业工作时,由于生产安全事故致使生命安全和身体健康受到伤害,工厂企业必须对此担负相应责任,并可能受到法律、行政、经济等方面的处罚;仅从经济责任的角度看,也会对企业的生存力、竞争力产生较大的影响。

一名合格的劳动者从出生到进入社会、走上工作岗位,家庭和社会付出的成本可以从经济角度大致进行衡量。一般而言,生产力越不发达、社会平均生活水平越低,花费就越少、成本就越低,反之则花费越多、成本越高。1979 年,我国培养一个劳动力的支出,城市为 9583 元,农村为 4117 元。而到 1999 年,一个孩子成长到 16 岁所需扶养费,城市为 11 万元,农村为 4.1 万元,已经是 20 年前的许多倍了。

进入 21 世纪,随着经济社会持续发展,一方面居民的家庭收入水平逐年提高,另一方面社会对劳动者的综合素质要求也越来越高,使得家庭对孩子成长的花费也就是投资也在增加。近年来,我国一些地方陆续对“扶养一个孩子花费是多少”的课题进行了调查和探索,并得出了相应的结论。

——上海市社会科学院社会学研究所一名研究生在上海市徐汇区进行调查,并完成《孩子经济成本:转型期的结构优化》调研报告,指出,从直接经济成本看,0 至 16 岁孩子的抚养成本是 25 万元左右,如果估算到子女上高等院校的家庭支出,则高达 48 万元。

——在北京养大一个孩子,需要大约 50 万元。

——在湖南抚养一个孩子,平均需要 30 万元。其中,农村抚养一个孩子到大学毕业平均约 20 万元,城市(以长沙为例)约 36 万元。

——在四川成都抚养一个孩子,以一个普通家庭的中等消费能力为例,从孕育到孩子大学毕业找到工作,需要 35 万元。

类似的调查和计算国外也有,英国、美国等发达国家的花费更高。

——英国最大的互济会利物浦维多利亚集团 2012 年年初发布信息，在英国抚养一个孩子到 21 岁的成本是 21.8 万英镑(当年 1 英镑约合 9.9 元人民币)。该机构 2010 年 2 月发布的数据是 20.18 万英镑。

——美国农业部 2012 年 6 月 14 日发布报告显示，美国中等收入家庭养育一个 2011 年出生的孩子到高中毕业，预计花费 23.49 万美元(当年 1 美元约合 6.375 元人民币)。美国农业部自 1960 年开始统计抚养孩子的成本，当时一个中等收入的美国家庭培养一个孩子到高中毕业仅需 2.523 万美元。

作为家庭的继承者和社会的接班人，家庭和社会对现在的孩子、将来的主人的培养是花了巨大投资的，为的就是让他们能够安全成长，成为合格的劳动者、建设者。如果他们在工作岗位上因为生产安全事故导致身体健康受到伤害甚至死亡，不仅使家庭和社会以往在劳动者身上已经付出的抚养成本付之东流，前功尽弃，而且使原来预期的每个劳动者未来几十年的贡献难以甚至无法实现。对此，不仅从社会道义上不允许，而且国家法律法规也不允许，必将使发生事故的企业以及相关责任人承担法律、经济、行政等方面的处罚，其中企业仅在经济方面的赔偿和处罚就是一笔巨大的支出。

2010 年 7 月 19 日，国务院印发《国务院关于进一步加强企业安全生产工作的通知》，明确指出："提高工伤事故死亡职工一次性赔偿标准。从 2011 年 1 月 1 日起，依照《工伤保险条例》的规定，对因生产安全事故造成的职工死亡，其一次性工亡补助的标准调整为按全国上一年度城镇居民人均可支配收入的 20 倍计算，发放给工亡职工近亲属。同时，依法确保工亡职工一次性丧葬补助金、供养亲属抚恤金的发放。"

随着以人为本理念的日益深入人心，全社会对人的作用和价值认识得更加深刻，对人的安全健康更加重视和珍爱。对于劳动者在企业生产安全事故中不幸死亡，国家明确要求大幅度提高赔偿额度，并从 2011 年 1 月 1 日起执行，就是体现了对人、对劳动者的尊重，就是要让不顾安全生产的企业付出高昂代价，促使这些企业在对待安全生产工作要从事后弥补和赔偿转变到事先投入和预防，从而尽可能消除安全风险隐患，尽最大努力保障企业职工的生命安全。

第四，生产经营单位的安全生产关系社会全面进步。

企业是人类借助于对客观规律的认识和把握，为了更好地促进经济社会发展而创建的，它为经济发展、社会进步、国家富强、人民幸福而生产产品、创造财富、提供资金、满足就业，是社会全面发展进步的基础和保障。正因如此，企业的安全生产工作好坏就不仅是一个只影响企业当前正常生产的战术问题，而是一个影响着整个社会持续健康发展的重大战略问题。

对于企业安全生产关系社会全面进步的问题，可以从局部和全局两个层次来分析。

从局部看，企业发生事故后，就会有一系列抢险救灾、事故调查、责任追究、灾后重建、恢复生产等事宜，这些事情对企业的生产经营等工作的影响是巨大的。不仅如此，有的发生事故的企业还有可能因法律纠纷而陷入长期停产境地，有的企业则会因为风险性、危害性太大而不得不搬离原址，还有的发生重特大生产安全事故的企业甚至会因此破产倒闭。这些情况，都会不同程度地影响产品的正常生产、流通和消费，都会对企业所在地区的经济发展和群众生活造成阻碍。

从全局看，企业发生生产安全事故，造成重大损失和恶劣影响，有可能对整个国家或局部地区的经济社会发展和人民群众正常生活秩序造成一定影响。

2014 年 8 月 4 日，国务院安委会办公室发出紧急通知，要求深刻吸取江苏昆山“8・2”特别重大事故教训，有效遏制各类事故的发生，并决定立即开展全国安全生产专项整治。

如果企业安全生产工作抓得好，发生事故少，当然人员伤亡和财产损失也会小，那么为了遏制事故频发势头而多次组织开展的安全生产专项整治和大检查当然也就不会频繁组织进行，整个社会生产运行正常有序，人民群众的日常生活也不会受到太多影响。但是发生多次或特别重大、重大生产安全事故，国家组织开展相关的安全生产检查、整顿活动，必然会动用大量人力、物力和财力，这就会对企业生产和群众生活带来一定的影响和不便。

作为社会产品和社会财富的创造主体，社会主义国家的生产经营单位的安全生产水平的高低、状况的好坏，关系着整个社会生产正常进行、人员安全健康、财富持续增加、社会全面进步，同时也直接关系着生产经营单位自身的生死存亡和发展壮大，无论从哪个角度讲，生产经营单位都必须担负抓好安全生产的重大责任。对于这一点，所有的生产经营单位必须要有清醒的认识和坚决的行动。

日本著名企业家松下幸之助指出："公害是随着产业发展而出现的，尤其在日本，由于战后经济的高度成长，公害成了不容讳言的事实。对于因战乱而在各方面遭到重大破坏、物资极端缺乏的日本来说，经济的高度成长是最迫切的需要，也是举国一致要求实现的理想。但在当初，谁都没有预料到会发生公害问题。但当它逐渐显著化后，诸如空气污染、水源污染、破坏自然景观、侵害人体的健康，甚至构成对人类生命的威胁，公害终于成为严重的社会问题了。如今大家发觉了经济过分成长所带来的弊病，政府、国民以及企业本身都转而积极防治公害，而且逐渐达到某种程度的成功。"

松下幸之助还指出："各个企业对过去的公害问题应负最大的责任，而政府没有预料到公害的发生，也是原因之一。如今大家都发觉到公害的严重性，因此今后企业对这件事更应自觉有很大的社会责任。即使公害问题不可能绝对避免，但至少应该尽量设法避免发生，并对已发生的问题要迅速采取适当的对策。"

松下幸之助专门强调指出："企业唯有能有益于社会时，才有存在的价值。如果不但不能对社会有所贡献，反而造成危害，这就绝对不应该了。”

作为一名资本主义社会的企业家，松下幸之助没有只顾赚钱、不顾其他，而是怀着高度的社会责任感，认为企业应对包括生产安全事故、职业危害和环境污染等在内的公害担负最大的责任，这是十分难能可贵的。作为社会主义企业和社会主义企业的职工，我们更应当增强社会责任，将安全生产当作企业的第一责任、第一效益，全力以赴抓好安全生产工作。

第二节　职工参与

职工参与是社会主义安全生产机制的第二条内容。

在社会主义社会，人民群众是国家的主人，职工是生产经营单位的主人，职工参与安全生产工作不仅是抓好安全生产的内在要求，同时也是职工群众作为生产经营单位主人的地位的体现，是职工事业心和责任心的体现。

《安全生产法》第三条明确规定：“安全生产工作应当以人为本。”坚持以人为本，是社会主义安全生产的基本规律，这一规律告诉我们，要抓好社会主义安全生产工作，就必须依靠人，依靠生产经营单位的全体从业人员。

人是生产力的决定性因素，同时也是安全生产工作的决定性因素，这是一个基本常识。生产经营单位能否实现安全平稳生产，当然同工艺设备是否先进、安全投入是否充足、企业管理是否完善、上级部门是否支持、工作环境是否良好等诸多因素有着直接关系，但是最根本的还在于生产经营单位的从业人员即职工的业务能力的高低、责任心的强弱、身体健康的好坏，在于职工在安全生产工作上的积极性、主动性和创造性的大小。只有首先解决好人的问题，才能解决好安全生产问题，这是无数正反面的安全事例反复证明了的。因此，抓安全生产工作就必须坚持“职工参与”。

同时，职工作为生产经营单位的主人，也有权参与所在单位的安全生产工作。

《安全生产法》第三章规定了从业人员的安全生产权利义务，其中从第五十条到第五十三条规定了从业人员的安全生产权利。

第五十条 生产经营单位的从业人员有权了解其作业场所和工作岗位存在的危险因素、防范措施及事故应急措施，有权对本单位的安全生产工作提出建议。

第五十一条 从业人员有权对本单位安全生产工作中存在的问题提出批评、检举、控告；有权拒绝违章指挥和强令冒险作业。

生产经营单位不得因从业人员对本单位安全生产工作提出批评、检举、控告或者拒绝违章指挥、强令冒险作业而降低其工资、福利等待遇或者解除与其订立的劳动合同。

第五十二条 从业人员发现直接危及人身安全的紧急情况时，有权停止作业或者在采取可能的应急措施后撤离作业场所。

生产经营单位不得因从业人员在前款紧急情况下停止作业或者采取紧急撤离措施而降低其工资、福利等待遇或者解除与其订立的劳动合同。

第五十三条 因生产安全事故受到损害的从业人员，除依法享有工伤保险外，依照有关民事法律尚有获得赔偿的权利的，有权向本单位提出赔偿要求。

职工参与生产经营单位的安全生产工作，并不限于以上四项条款中所规定的内容，作为生产经营单位的主人，对所在单位涉及安全生产的所有工作都有知情权、参与权和监督权，对其中很多工作还具有决定权。只要确保职工这些权利行使到位，我国安全生产工作水平就一定会得到大幅度提高。

1985 年 4 月 24 日，邓小平在会见美国汽车工会代表团和美国工会领导人访华团时指出："中国工会的社会地位所起的作用同美国工会不同，可能更大一点。因为我们国家是工人阶级领导的，以工农

联盟为基础的人民民主专政的国家。中国的社会制度，决定了工人在中国的社会地位。”(李桂才等，1990)

2001年4月28日，江泽民同志在庆祝“五一”国际劳动节全国劳动模范座谈会上指出：“保障工人阶级和广大劳动群众的经济、政治、文化权益，是党和国家一切工作的根本基点，也是发挥工人阶级和广大劳动群众积极性和创造性的根本途径。”(中共中央文献编辑委员会，2006b)

2008年10月21日，胡锦涛同志在同全国总工会新一届领导班子成员和中国工会十五大部分代表座谈时指出，中国工人阶级是我国先进生产力和生产关系的代表，是我们党最坚实最可靠的阶级基础，是社会主义中国当之无愧的领导阶级，是全面建设小康社会、发展中国特色社会主义的主力军。

工人阶级是推动我国社会生产力发展和促进社会全面进步的根本力量，不仅是社会主义现代化建设事业的主力军，同时也是社会主义安全生产事业的主力军；无论是作为一个阶级还是作为单个的职工，其在安全生产工作中的各项权利都必须得到充分保障。

实行“职工参与”的社会主义安全生产机制，最重要的原因则是职工对安全生产工作接触最广、了解最多、距离最近、利害关系最紧密。只有全体职工积极参与到安全生产工作当中，才能从根本上解决问题，实现安全生产工作的长治久安。

作为社会经济基本单元，企业对于国家繁荣富强和人民平安幸福有着举足轻重和不可替代的重要作用。工业企业是产品的主要生产者和财富的主要创造者，它的生产活动构成了人类生存、社会发展和文明进步的基本条件；整个社会经济的发展，都以工业企业的素质、能力、效率、效益为基础，要维持社会正常运转，就必须保证企业的安全、高效运转。

现代工业企业最坚实的基础和最突出的特点，就是运用机器和机器体系进行生产。正是这一点，既推动了社会生产力的大幅度提高，又导致了企业乃至全社会安全风险隐患的大幅度增加，而企业则是安全生产风险最多的地方——机器产生安全风险，企业运用机器数量最多，所以企业安全生产风险最多。

人类运用机器生产，就是因为机器拥有材质硬、负荷大、动力强、速度快、运行久、状态稳等诸多优点。正是这些优点，使机器成为人类社会发展进步的强大武器和忠实助手，使经济社会发展步伐大大加快，社会财富迅速增长；与此同时，也使人类社会的现代化进程日益加速，呈现出四个“越来越”的特征：生产组织规模越来越大、生产运行节奏越来越快、进军自然领域越来越广、开发自然程度越来越深。

人类进军自然、开发自然依靠的是什么呢？是机器。在机器的强力牵引下，人类对自然的探索和开发越来越深入，越来越逼向极限，这就导致机器生产所处环境更加恶劣、所用原料及所产产品更具有危险性，这又导致机器生产面临更多风险隐患的包围。

要有效防范和化解各种安全风险隐患，当然得依靠对风险隐患最清楚、最熟悉的人。是谁对机器本身固有的缺陷和机器生产所存在的风险隐患最清楚呢？显然，是整天、整月、整年甚至是几十年如一日连续不断同机器设备打交道的职工；在安全生产上，职工天然具有这一最大优势。

自工业革命以来，人类社会在生产劳动领域发生了一场广泛而深刻的革命，就是工厂代替手工作坊、机器代替手工工具、机器生产代替手工生产、成千上万的工人队伍大军代替单个分散的手工劳动者。这一革命，使机器和操纵机器的工人同时成为社会生产的主角，成为创造财富的主力；而与此同时，工厂也成为生产安全事故的发源地，成为消灭事故的主战场，在这个战场上，职工是天然的主人。

人类社会在生产劳动领域所发生的革命也就是“四个代替”，一方面给人类带来了巨大利益，就是人类社会利用自然、改造自然的能力大大提升，劳动生产率扩大了上千倍，正如马克思和恩格斯在《共产党宣言》中所指出的:“资产阶级在它的不到一百年的阶级统治中所创造的生产力,比过去一切世代创造的全部生产力还要多,还要大。自然力的征服,机器的采用,化学在工业和农业中的应用,轮船的行驶,铁路的通行,电报的使用,整个大陆的开垦,河川的通航,仿佛用法术从地下呼唤出来的大量人口——过去哪一个世纪能够料想到有这样的生产力潜伏在社会劳动里呢?”(中共中央编译局,1972c)

但另一方面,人类社会在生产劳动领域所发生的革命也就是“四个代替”又给劳动者即工人带来了巨大伤害,无论是生产安全事故还是职业危害都是十分严重的。

机器的这些优点,好似将人的体力放大了成千上万倍,将人的四肢延长了成千上万倍,使人类改造自然、改造社会的能力空前提高。与此同时,又正是由于这些优点,使机器生产同高温高压、易燃易爆、有毒有害等诸多危险因素联系在一起,这就使得工业生产中发生事故的可能性和危害性均大大增加。可以说,任何现代工业、现代生产都存在着事故风险,同时企业职工也都存在着潜在的职业危害。

根据国家标准局 1986 年 5 月 31 日发布、于 1987 年 2 月 1 日起实施的《企业职工伤亡事故分类》标准,将伤亡事故分为 20 类:一是物体打击,二是车辆伤害,三是机械伤害,四是起重伤害,五是触电,六是淹溺,七是灼烫,八是火灾,九是高处坠落,十是坍塌,十一是冒顶片帮,十二是透水,十三是放炮,十四是火药爆炸,十五是瓦斯爆炸,十六是锅炉爆炸,十七是容器爆炸,十八是其他爆炸,十九是中毒和窒息,二十是其他伤害。

2009 年 10 月 15 日,国家标准化管理委员会发布《生产过程危险和有害因素分类与代码》,并于当年 12 月 1 日起实施。这一标准按照可能导致生产过程中危险和有害因素的性质进行分类,将危险和有害因素分为人的因素、物的因素、环境因素和管理因素四大类。

从《企业职工伤亡事故分类》标准和《生产过程危险和有害因素分类与代码》可以看出,在机器生产中,可能引发生产安全事故的危险和有害因素有110种，而在实际工作中存在的危险和有害因素比以上两个标准所列出的还要多。可以说，工厂企业的职工长年累月都在同各种危险有害因素打交道，是在同所有危险有害因素的斗争中进行生产的，因此，职工对企业及生产经营单位的风险隐患距离最近、接触最广、了解最多，在如何控制风险、消除隐患、确保安全的问题上，他们感受最深，最有发言权。

职工在企业及生产经营单位安全生产问题上最有发言权，还在于他们同安全生产的利害关系最紧密、最直接。

企业及生产经营单位的安全生产水平高低、状况好坏，直接关系职工的生命安全和身体健康。

《安全生产法》第五十二条规定："从业人员发现直接危及人身安全的紧急情况时，有权停止作业或者在采取可能的应急措施后撤离作业场所。生产经营单位不得因从业人员在前款紧急情况下停止作业或者采取紧急撤离措施而降低其工资、福利等待遇或者解除与其订立的劳动合同。"

国家为什么要赋予生产经营单位从业人员这样的权利？就是因为从业人员在自己的工作岗位上每时每刻都面临着上百种危险和有害因素，每时每刻都承担着巨大的风险和压力，为了确保从业人员的人身安全，就必须赋予他相应的权利——在发现直接危及人身安全的紧急情况下，有权停止作业或者在采取可能的应急措施后撤离作业现场。《安全生产法》的这一条款，充分说明生产经营单位从业人员在岗位工作中所面临的安全风险危害之大、分布之广、数量之多，同时也说明机器生产中的危险有害因素并不能完全消除。

同其他人群相比，职工同生产安全事故的关系最直接、最紧密，生产经营单位一旦发生事故，将直接影响职工的生死存亡，特别是在人员数量众多的大工厂、大企业，一旦发生生产安全事故，将直接导致几十人、上百人的群死群伤，其后果将是十分惨烈的，社会影响也将极为恶劣。

生产安全事故直接伤害的不仅仅是生产经营单位的职工，还有因事故而受到牵连的职工家人，他们同样是生产安全事故的受害者，而且遭受伤害和折磨的期限可能长达一生，而在这一点上，整个社会尚未给予应有的关注和重视。

安全生产工作的好坏不仅影响职工本人，同时也会影响其家庭幸福，这一观点已经得到国际社会的公认。2016 年 9 月 27 日，第八届中国国际安全生产论坛暨安全生产及职业健康展览会在北京开幕，国际劳工组织副总干事黛博拉·格林菲尔德明确指出，职业安全健康涉及家庭幸福、社区和谐和生产力发展。

安全生产工作的好坏，还直接关系职工的个人收入。

生产经营单位安全生产工作的好坏，决定了其经济效益的好坏和市场竞争的优劣，为了提高自身经济效益，生产经营单位必然会将安全职责和压力传递给每个职工，使所有职工都担负起相应的安全任务和指标，谁的安全任务和指标完成得好，就会得到相应的回报甚至是重奖，谁的安全任务和指标完成得不好，就会受到相应的处罚。请看报道。

重奖特殊贡献员工

2011 年 12 月 23 日上午，化工一厂裂解车间值班长周俊“中大奖”了。大庆石化主管安全的副总经理为他颁发了“公司安全生产特殊贡献奖”，奖金 10000 元。

原来，2011 年 12 月 2 日 13 时 20 分，周俊在认真巡检过程中，及时发现了裂解气泄漏着火隐患，同时，应急处置得当，避免了一起可能因物料泄漏引发的重大生产安全事故。

炼化装置运行实现“安、稳、长、满、优”目标，说起来容易，做到难。建立安全激励约束机制，只是大庆石化增强员工安全意识的重要措施之一。

大庆石化始终把“循规蹈矩，不走捷径”的理念贯穿于安全生产全过程,坚持以人为本,以落实 HSE 管理和反违章禁令为重点,强化责任意识、过程监管和违章查处。坚持领导干部每天"必须保证三分之一时间下现场、帮助基层解决实际问题"的工作要求,认真落实走动式管理,岗位员工通过不间断巡检及时发现处理隐患,现场管控能力进一步增强。

原载 2012 年 1 月 16 日《黑龙江日报》

实行"职工参与"的社会主义安全生产机制,是职工作为生产经营单位主人的体现,是以人为本基本规律的体现,是职工对安全生产工作了解最多、利害关系最紧密的体现。由此,职工的职业身份也发生了一个重大的历史性转变,也就是说要成为一名"双重职工"或"双重工人"——以前,职工也就是工人一般来说只要当好一名生产人员就行了;而现在,职工首先必须是一名安全人员,其次才是一名生产人员。只有实现这种职业身份的深刻转变,才能更好地坚持职工参与,才能在社会主义安全生产工作中筑牢第一道安全防线,才能真正将"安全第一、预防为主"的方针落到实处。

第三节 政府监管

政府监管是社会主义安全生产机制的第三条内容。

抓好安全生产工作并不只是生产经营单位的事,也不只是职工的事,同时也是政府的事,是政府各项职责当中十分重要的一项。

在以机器大工业为基础的社会化大生产条件下,社会分工越来越细,生产专业化的程度越来越高,不仅产品生产专业化,而且零部件的生产也日益专业化。企业之间、行业之间、部门之间互相配合、互相依赖,由此产生的协作关系越来越广泛。随着生产资料的使用和生产过程的日益社会化,交换也日益社会化,形成了统一的国内市场;同时,在经济全球化条件下,生产和交换也从一国范围扩大到全球范围,整个社会的经济活动越来越广泛而深入地联结成一个庞大的有机整体。在这种情况下，社会再生产的各个环节之间，各个生产部门、行业和企业之间，互相支持，互相依存，互为条件，互相制约，形成了一种谁都离不开谁的关系。为了使社会再生产得以顺利进行，必然要求社会具有一种所有组织和人员都必须服从的力量进行统一管理。

恩格斯指出："一切政府，甚至是最专制的政府，归根到底都只不过是本国状况所产生的经济必然性的执行者。它们可以通过各种方式——好的、坏的或不好不坏的——来执行，它们可以加速或延缓经济发展及其政治和法律的结果，可是最终它们还是要遵循这种发展。"(中共中央马克思恩格斯列宁斯大林著作编译局，1976)

要保障经济社会持续健康发展，政府就必须承担起应有的职责使命，发挥其对经济社会发展的引领和保障作用，其中，抓好安全生产工作更具有独特的作用；特别是在当今风险社会，政府的这一责任更加重大。

社会化大生产的发展，客观上要求对经济建设和社会运行实行科学管理，有序推进。社会主义经济是一个结构和关系都十分复杂和严密的大经济系统，这个系统的正常工作要求各种经济活动之间、各个生产环节之间在时间和空间上高度配合和紧密衔接，使各项经济活动特别是产品生产保持连续、平稳、按比例进行，这实际上就对安全生产提出了明确要求。只有保证安全、平稳、连续生产，各种经济活动之间、各个生产环节之间才能协作得好、衔接得上、运行得久。因此，抓好社会主义安全生产工作，绝不是可有可无、可重可轻、可紧可松、可好可坏的小事，而是关系社会主义经济正常运行、广大人民群众安居乐业、社会主义国家形象良好的大事，必须全力以赴抓紧抓好，而这正是政府的重要职责。

政府对安全生产进行监督管理，是世界各国的通行做法。

世界上许多国家都实行"国家立法、政府监察、业主负责、职工守章"的安全生产管理体制。国家为了保障劳动者的生命安全和职业健康，制定实施安全生产法律，完善国家安全生产法律法规体系；政府按照国家安全生产法律法规制定安全生产监督监察法规，监督和引导企业依法做好职业安全健康工作，对不符合国家安全生产规定的企业、项目不允许建设投产，对在安全生产上违法违规的企业进行查处，最严重的可以使其破产。政府各个部门各司其职、各负其责，使安全生产各个方面、各个环节得到严密控制，有序推进。

政府对安全生产进行监督管理，首要的就是进行安全立法。马克思指出："为了迫使资本主义生产方式建立起最起码的卫生保健设施，也必须由国家颁布强制性的法律。"（中共中央编译局，1975a）1802年，英国国会通过《学徒健康与道德法》；1806年，法国制定《工厂法》；1842年，英国颁布《矿山法》；1844年，美国颁布《工厂法》；1911年，日本通过《工厂法》。

新中国成立以来，随着经济社会的持续发展和社会主义民主法治建设的不断完善，安全生产法治建设进程不断加快，至今我国安全生产法律体系已经初步形成。1983年我国颁布《海上交通安全法》，1992年11月颁布《矿山安全法》，1998年颁布《消防法》，2001年10月颁布《职业病防治法》，2002年6月颁布《安全生产法》，2003年10月颁布《道路交通安全法》。除此之外，我国地方性安全生产立法工作也取得很大进展，部门安全生产规章不断健全，安全生产标准日益完善，同时还有多个国际劳工组织制定的劳工公约在我国实施。

政府对安全生产进行监督管理，制定实施国家职业安全卫生计划也是一个重要方法。

韩国从2000年开始实施的《工业事故预防第一个五年计划（2000—2004）》提出，降低工业事故与死亡率，保持低职业病发病率的趋势。英国2000年6月发布的《重振安全卫生战略》提出，国家加强健康工作会有效提高工作场所的安全卫生，可以提高社区劳动力的健康水平，从而提高雇主和雇员的竞争力。日本厚生劳动省2003年5月发布的《工业事故预防"十五"计划（2003—2007）》提出，保障工人的安全与健康是国家面临的最大挑战，保障职业安全卫生应该是企业管理中最重要的问题，降低工作风险是一项基本战略。2003年6月，新西兰负责事故赔偿自治机关的部长代表政府向全社会公布了新西兰伤害预防战略，目的是要实现“一个更安全的新西兰，成为没有伤害的国家”。

中国政府高度重视安全生产规划的制定，1996年4月23日，劳动部印发《关于“九五”期间安全生产规划的建议》；2003年10月，国家安全生产监督管理局、国家煤矿安全监察局印发《国家安全生产发展规划纲要（2004—2010）》；2006年8月17日，国务院办公厅印发《安全生产“十一五”规划》；2011年10月1日，国务院办公厅印发《安全生产“十二五”规划》；2017年1月12日，国务院办公厅印发《安全生产“十三五”规划》。

政府对安全生产进行监督管理，建立安全生产控制指标体系必不可少。建立健全安全生产控制指标体系，对安全生产工作进行量化评价，是先进工业化国家比较成熟的做法。英国2000年6月发布的《重振安全卫生战略》规定，到2010年，要将10万工人因为工伤或者生病的工作日损失数量减少30%，要将伤亡或重伤事故的发病率减少10%，要将由于工作而导致的疾病的发生率减少20%；同时规定，到2004年要实现上述既定目标的50%。

日本厚生劳动省2003年5月发布的《工业事故预防“十五”计划（2003—2007）》规定，继续保持工伤死亡人数降低的趋势，年度因工死亡人数低于1500人，5年内事故起数降低20%。

澳大利亚共和国国家职业安全卫生委员会2002年5月发布的《职业安全卫生国家战略（2002—2012）》规定，持续而显著地降低因为工作而导致的死亡，在2012年6月30日之前至少降低20%（并且在2007年6月30日之前至少降低10%），工作场所的伤害在2012年6月30日之前至少降低40%（并且在2007年6月30日之前至少降低20%）。

我国运用指标进行安全生产管理起步较晚。1996年4月,劳动部《关于"九五"期间安全生产规划的建议》确定的"九五"期间安全生产发展目标中,有两项指标同国际通行指标相关:一是提出企业职工千人死亡率和千人重伤率比"八五"时期有所下降;二是提出国有重点煤矿百万吨死亡率在1以下,其他国有煤矿百万吨死亡率控制在4以下,乡镇煤矿百万吨死亡率控制在8以下,非煤矿山百万吨矿石死亡率有所下降。

中国是从2004年开始正式运用安全生产控制指标这一管理方式的。2004年1月9日,国务院印发《国务院关于进一步加强安全生产工作的决定》,提出"建立安全生产控制指标体系",并明确提出了我国安全生产工作三个阶段发展目标:到2007年,建立起较为完善的安全生产监管体系,全国安全生产状况稳定好转,矿山、危险化学品、建筑等重点行业和领域事故多发状况得到扭转,工矿企业事故死亡人数、煤矿百万吨死亡率、道路交通运输万车死亡率等指标均有一定幅度的下降。到2010年,初步形成规范完善的安全生产法治秩序,全国安全生产状况明显好转,重特大事故得到有效遏制,各类生产安全事故和死亡人数有较大幅度的下降。力争到2020年,我国安全生产状况实现根本性好转,亿元国内生产总值死亡率、十万人死亡率等指标达到或者接近世界中等发达国家水平。

2005年12月21日,国务院召开第116次常务会议,决定采取12项治本之策,抓紧解决影响制约我国安全生产的深层次、历史性问题,加快建立安全生产长效机制,其中第一条措施就是制定安全发展规划,建立和完善安全生产指标控制体系。

设立安全生产控制指标,使安全生产工作任务和奋斗目标明确化、具体化,而不是"进一步好转""新的提高""明显改进"这一类原则性的要求,是管理工作科学化的体现,是工作安排务实化的体现,是责任落实精确化的体现。设立安全生产指标,一方面使企业更加明确所担负的安全生产职责和任务,更加明确在安全生产工作上的奋斗方向；另一方面又为企业加强安全管理、提高安全水平提供了明确的标准和充分的依据。

为了实现安全生产，工业化先进国家普遍加强对安全生产的管理和投入，并探索出了许多有效方法，通过运用反映事故死亡人数的绝对指标、反映事故死亡人数与经济发展关系的相对指标进行控制和管理就是其中之一。这些指标包括从业人员十万人事故死亡率、单位国内生产总值事故死亡率、百万工时事故死亡率、道路交通万车死亡率、煤炭百万吨产量死亡率等。如果这些指标居高不下，就意味着为经济发展付出了高昂的生命代价，需要国家和社会高度关注，下大力气加以整顿。

当今世界各国所用的安全生产控制指标，一般都是对组织、地区或行业下达的，没有对个人下达安全生产控制指标，这是一个明显的不足。为了调动社会公民和企业职工的安全生产积极性，为了更好地保护社会主义国家的社会财富，还应当制定下达针对个人的安全生产控制指标，特别是高危行业、高危企业的干部职工，更应如此，在这方面可以大胆探索。

比如，高危行业和企业可以设置职工“安全生产应知应会达标率”，用这一指标来衡量一个单位的职工对于安全知识和技能的掌握状况；再比如，企业各级领导干部作为安全生产的决策者和指挥者，担负着重大的安全生产使命职责，其安全生产业务知识和能力必须明显强于职工，也可设置“领导干部安全素养达标率”，用以评判企业领导干部安全业务能力的高低，促进各级干部不断提高自身安全素养。

政府对安全生产进行监督管理，最直接、最常用的方法就是开展安全检查。

《安全生产法》第五十九条规定：“县级以上地方各级人民政府应当根据本行政区域内的安全生产状况，组织有关部门按照职责分工，对本行政区域内容易发生重大生产安全事故的生产经营单位进行严格检查。”

企业是安全生产的主体,企业安全生产工作的好坏,直接影响一个国家的整体安全生产工作的好坏,要抓好安全生产工作,首先必须抓好企业安全生产工作。然而,企业作为社会产品的生产经营单位,要在激烈的市场竞争中赢得主动,就必须追求经济效益;而为了追求经济效益,就会采取一切可能的手段来降低成本,其中减少安全生产方面的投入很容易取得立竿见影的成效,这就成为一些企业的优先选择。在这种情况下,要促使企业保证安全生产上的投入就必须依靠外在的强制力量,也就是政府的监督管理。政府安全生产监督管理部门和其他负有安全生产监督管理职责的部门依法开展安全生产监督检查,并对违反安全生产法律法规及相关规定的企业进行处罚,督促企业及其从业人员依法合规进行各项生产经营活动。

政府组织开展安全生产检查,应当有计划、有步骤地开展,要在平时就恪尽职守、履职尽责,而不能拖延推诿、失职渎职。安全生产工作同其他工作相比,有一个十分突出的特点,就是风险隐患的排查及整改不能慢、不能瞒、不能省,否则就会出事,甚至出大事。但在实际工作中,由于政府及企业在平时的安全检查不严格甚至没有按照规定开展,导致重特大生产安全事故发生,安全生产形势十分严峻;为扭转这种不利状况,一定区域范围甚至全国立即组织开展安全生产大检查,希望通过这种方式来消除事故隐患、增强安全意识、提高安全水平。但这种表面上轰轰烈烈、兴师动众的大检查的作用或许能够治标,并不一定能治本;或许能够应急,并不一定能根除。

政府对安全生产进行监管,是政府及有关部门以国家的名义并运用国家权力,对企业、事业单位(可统称生产经营单位)和有关机关履行安全生产职责和执行安全生产法律法规、政策、标准的情况,依法进行监督、检查、纠正和惩罚的工作,具有权威性、强制性和普遍约束性。

世界各国的职业安全卫生监察工作,从无到有,从人治到法治,从单一到综合,都经历了一个较长的过程,受到国家经济发展的整体水平、科学技术发达状况、领导的认识程度、企业生产经营承受能力、从业人员素质高低等因素的影响。美国的职业安全卫生立法，从19世纪初就开始推进，企业主从一开始不关心工人的安全健康，到后来逐步认识到劳动者的安全健康是人力资源问题，是关系到资本家能否获得高额利润的问题，并加快有关立法。作为社会主义国家，保障人民群众的根本利益是各级政府义不容辞的神圣使命，应该最关心劳动者的生命安全和身体健康；同时，要体现社会主义制度的优越性，也应当使社会主义国家的安全生产水平高于资本主义国家的安全生产水平。因此，无论是从国内还是国际两个层面考虑，社会主义国家的政府都应当将安全生产工作当作一件大事，切实履行职责，认真抓好安全生产监管，推动安全生产和安全法治不断迈上新台阶，开创新局面。

2015年8月15日，习近平同志指出：确保安全生产、维护社会安定、保障人民群众安居乐业是各级党委和政府必须承担好的重要责任；要坚决落实安全生产责任制，切实做到党政同责、一岗双责、失职追责。政府部门高度重视并切实加强对安全生产工作的监管，是本职工作，是应尽义务，不能回避，无可推脱。

第四节　行业自律

行业自律是社会主义安全生产机制的第四条内容。

在中国实行计划经济时期，行业主管部门是连接政府与企业的桥梁，企业的生产经营活动受到行业主管部门的管理，国家的方针、政策、法规、计划等通过行业主管部门落实到企业。然而，在社会主义市场经济条件下，企业成为自主经营、自负盈亏的独立法人，其生产经营、技术研发、资金运作、人事管理、产品销售等均不再受行业主管部门的干涉。从国家政府机构改革的趋势看，行业主管部门直接管理企业生产的功能将越来越弱化，在安全生产管理上也是如此。

从中国目前实际情况看，行业主管部门并不会立刻全部消失，尤其是对于一些具有垄断性质的企业不能完全按照市场化方式运营，仍然需要由行业管理部门进行宏观管理，只是有些行业管理部门不再以政府部门的形式出现，而是以集团公司的面貌出现。因此，行业安全生产管理虽然有所调整和弱化，但在今后相当长的时期内，并没有完全失去意义，仍在发挥着不可或缺的作用。

在安全生产工作中实行行业自律，主要有以下几方面内容：

第一，贯彻执行国家的安全生产法律法规、方针政策、标准规范，制定本行业的安全生产规章制度，并组织实施。

第二，制定本行业的安全生产长期规划和年度计划，确定行业的安全生产工作方针、目标、措施、办法。

第三，在重大经济、技术决策中提出有关安全生产的要求和内容，制定实施本行业的安全生产科技创新计划。

第四，在新建、改建、扩建工程和技术引进及改造中，督促企业落实主体工程与安全卫生设施"三同时"；在新产品、新技术、新工艺、新材料的开发应用中，执行有关安全卫生的规定。

第五，组织或参与本行业生产安全事故的调查处理，协助国家有关方面查处违法、违章行为。

第六，组织开展行业内的安全检查和评价，表彰安全生产先进单位和个人，总结交流安全生产先进经验。

第七，组织开展对本行业职工的安全思想教育、安全业务知识技能的培训和考核。

以航空航天行业为例，有关主管部门和单位就制定印发了多项安全生产方面的规章制度：

1978年4月28日，第七机械工业部印发《科研生产安全管理规定》。

1986年7月7日，航空工业部印发《关于加强安全生产工作的规定》。

1989年8月1日，航空航天工业部印发《安全技术培训考核规定(试行)》。

1990年6月21日，航空航天工业部印发《各级人员安全生产责任制度》。

1991年5月11日，航空航天工业部印发《航天工业危险点控制管理办法(试行)》。

1991年9月26日，航空航天工业部印发《航空工业班组安全建设管理办法》。

2010年，中国航天科技集团公司印发《职业健康安全管理体系建设实施指南》。

第五节　社会监督

社会监督是社会主义安全生产机制的第五项内容。

安全生产是一项系统工程，涉及诸多方面、环节、部门，需要方方面面共同参与；同时，安全生产也是一项全员工程，这里的“全员”不仅是指生产经营单位的全体人员，还是指全体社会成员，要抓好安全生产工作，就需要全体社会成员和社会组织的参与和监督。

国际劳工组织编写出版的《职业卫生与安全百科全书》指出：“每个企业都在积极地要求降低工作场所的损害、伤害和苦难遭遇，但企业在持续地致力于这种工作的能力方面有限。大多数人类活动都伴随着危险且工作场所的差别很大，有时可低于正常的、非职业性活动的危险，有时则是很严重的危险。”

正是因为大多数人类活动都伴随着危险且工作场所危险性更大，正是因为企业防范或消除工作场所危险的能力及资源有限，所以要抓好安全生产工作就必须引入社会资源和力量。换句话说，就是进行社会监督。

在社会主义社会，一切财产都是人民群众辛勤劳动的结晶，是他们用自己的汗水和智慧换来的，都是社会主义国家整体财富的一个组成部分，是建设和捍卫社会主义的物质基础，都应当无比珍惜和爱护；而要珍惜和爱护社会主义社会的财产，就必须抓好安全生产，这就必然要求人人重视和支持安全生产工作——珍惜社会财产，爱护劳动成果，正是社会主义道德和共产主义道德区别一切旧道德的显著特征之一。

爱护公共财产作为社会主义道德和共产主义道德的特有规范，只能在生产资料公有制的基础上形成，并且日益成为社会主义劳动者的美德，作为要求人们遵循的道德规范在全社会推行。社会主义的劳动者认识到，公共财产是劳动者彻底摆脱剥削和压迫的根本物质保证，是创造共同富裕生活的物质基础，从而产生了维护公共财产的要求。对公共财产的爱护，大致可以分为两个方面，一方面是劳动者在本职工作岗位上珍惜和爱护自己所使用的财产包括工具、设备仪器、厂房或其他生产资料；另一方面则是对其他岗位、其他企业加以关注，对不爱护公共财产的现象加以制止，特别是发现不安全的风险隐患则进行报告或举报，及时加以消除。

人民群众包括企业劳动者是国家的主人，当然也是公共财产的主人，他们对影响安全生产的不良现象进行监督，既体现了他们作为社会主义国家主人的地位，同时也是他们的社会主义道德和共产主义道德的展示。

爱护公共财物是共产主义道德原则在对待社会财富上的具体表现，从表面上看，这一规范是人对物的关系，并不涉及道德问题；但是透过这一人对物的关系不难看出，它直接涉及集体、国家、社会、民族等的整体利益，表现了人与人之间、个人利益与整体利益之间的关系问题，所以它不仅具有一般的道德价值，而且突出地体现着共产主义道德的特征。

当前我国仍处于社会主义初级阶段，经济建设是全国的中心工作，从大力发展生产力的角度，必须珍惜和爱护公共财物。进行社会主义现代化建设，让广大人民群众过上殷实富足的生活，减少人力当然不行，减少物力和财力同样不行。人力、物力、财力这三者缺一不可，人力是进行现代化建设的人员和智力保证，物力和财力是进行现代化建设的物质保证。因此，在全面进行经济建设、增加社会财富的同时，必须大力倡导爱惜和保护公共财物，反对和制止损害公共财物的行为，这样才能加快社会财富的增长速度和现代化建设的步伐。

践行安全道德、爱护公共财物，直接体现着一个人对集体、对人民的热爱，体现着对社会主义现代化建设事业的热爱。在我们社会主义社会，个人对待公共财物的态度和行为，是同他对待祖国、对待人民、对待劳动、对待社会主义事业的态度分不开的，凡是热爱祖国、热爱人民、热爱劳动、热爱社会主义事业的人，都不会对国家的财产和人民的利益采取不负责和不道德的态度，都不会做出损害国家和人民利益的事，而是会尽到他维护国家利益、保护劳动成果的义务。正如列宁所说，当普通劳动者起来克服极大的困难，奋不顾身地设法提高劳动生产率，设法保护"不归劳动者本人及其'近亲'所有，而归他们的'远亲'即归全社会所有"的产品时，"这也就是共产主义的开始"。(中共中央马克思恩格斯列宁斯大林著作编译局，1972b)

对安全生产工作进行社会监督，有着企业无可比拟的巨大优势，就是人民群众具有无穷无尽的力量和智慧，取之不尽，用之不竭，能够为抓好安全生产工作提供更多的资源。

我国十分重视对安全生产的社会监督。2010 年 7 月 19 日，国务院印发《国务院关于进一步加强企业安全生产工作的通知》，指出"加强社会监督和舆论监督。"

2011 年 11 月 26 日，国务院印发《国务院关于坚持科学发展安全发展　促进安全生产形势持续稳定好转的意见》，指出"发挥社会公众的参与监督作用。"

2016 年 12 月 9 日，中共中央、国务院印发《关于推进安全生产领域改革发展的意见》，指出："加强安全生产公益宣传和舆论监督。建立安全生产 12350 专线与社会公共管理平台统一接报、分类处理的举报投诉机制。"

社会监督的力量和成效，从以下事例就可以清楚地看出。

2001 年 7 月 27 日中午，新华社广西分社负责人接到匿名电话举报，称广西南丹县大厂矿区发生严重透水事故，有多人丧生。这个消息引起了分社领导高度重视，立即打电话向有关各方求证，得到的回复均是“没有此事”。尽管如此，分社领导认为事关重大，派出6人组成的小分队连夜赶往被举报的南丹大厂矿区调查。之后，中新社记者、广西电视台记者、南宁晚报记者、八桂都市报记者和南国早报记者闻讯后也陆续赶到矿区采访。各方传言引起了广西壮族自治区政府的高度重视，自治区政府也派出了调查组。7月31日晚，广西壮族自治区经贸委和专程赶来核实情况的国家安全生产监督管理局有关负责同志及地区、县有关部门的领导同志召开会议，会上通报了国务院有关领导和广西壮族自治区党委、政府负责人的指示精神，并立即开展对此事的彻底调查。

8月2日晚，调查组的调查获得重大进展，得知拉甲坡矿大约有59人遇难，龙山矿有13人遇难，遇难者家属分别获得5万元到10万元不等的赔偿金。

调查组在矿井水排干后，立即开展事故原因的调查，最终确认7月17日3时40分发生了特别重大责任事故，事故遇难者80人，失踪1人。事故发生后，地方政府一些官员与矿主相互勾结，采取非法手段隐瞒事故、封锁真相达半个月之久，性质十分恶劣。

在新闻媒体的舆论监督之下，加上有关部门的彻底调查，这起被隐瞒的特大事故终于大白于天下，事故责任者受到了应有的惩罚。

企业是安全生产的主体，企业安全生产水平在很大程度上决定着国家的安全生产水平。实践证明，要提高企业的安全生产水平，除了企业自身的努力外，还取决于外部制约力量的大小，而社会监督特别是舆论监督更是不可或缺。

建立“生产经营单位负责、职工参与、政府监管、行业自律和社会监督”的机制，能够有效凝聚社会各方共同做好安全生产工作的强大力量，能够充分调动全社会的积极性，是抓好社会主义安全生产所不可缺少的，必须长期坚持。

第五章　社会主义安全生产使命

抓好社会主义安全生产具有“八完”功效，即机器设备的完备、现场管理的完善、指标任务的完成、形象声誉的完美、社会责任的完全、人际关系的完好、生命健康的完整、幸福生活的完满，这是社会主义安全生产工作所具有的重大意义。然而，从巩固社会主义制度的角度看，抓好社会主义安全生产的作用和意义则远远不止这“八完”，其担负的重大使命包括以下几个方面：第一，能够大大增强社会主义国家的综合国力；第二，能够迅速增加社会主义国家的物质产品；第三，能够切实保障社会主义国家的社会稳定；第四，能够有效维护社会主义国家的国际形象。因此，抓好社会主义安全生产，无论是对社会主义国家而言还是对社会主义国家的人民而言，都具有极其重大的战略意义。

社会主义制度同资本主义制度的竞争和较量，不仅是多方面的，而且是长时期的，其中最基础、最直接的，是经济发展上的竞争和较量。同已经存在几百年的资本主义制度和资本主义国家相比，社会主义制度和社会主义国家都属于新生事物，在许多方面还很不完善，包括在经济建设上也还存在诸多不足和失误，存在社会主义国家的经济发展水平目前还落后于资本主义国家的水平的情况。在这种情况下，要尽快赶超西方发达资本主义国家，更要抓好安全生产。

简要回顾一下英国、法国、德国、美国、日本等资本主义发达国家的经济发展历史。

英国正式名称为大不列颠及北爱尔兰联合王国，位于欧洲西部，是大西洋上的一个岛国。英国本土面积 24.4 万平方千米，1870 年英国人口 3121 万人，1900 年英国人口 4117 万人。英国是最早走上资本主义工业化道路的国家，其国际经济地位在十九世纪五六十年代达到了顶峰，经济实力独步一时。

由于率先进行工业革命，使英国在世界工业生产中始终一马当先，而工业生产的迅速发展又使英国能够大规模地扩大其对外贸易。从 1850 年到 1870 年，英国的输入额和输出额都增长了两倍，英国在世界贸易中占据首位。英国工业在技术和装备上的优势保证了它的商品在世界各地市场的竞争中取得胜利。

英国日益富有，英国的资产阶级大发横财，与此相应的却是英国工人阶级的贫困和不幸。由于劳动强度日益增加，生产中的不幸事件越来越多。从 1851 年到 1870 年，英国煤井中就发生了 1437 次爆炸事故，将近 5000 名工人遇难。

1870 年，英国的工业生产占世界总额的 32%，其中生铁产量占世界总额的 46.8%，钢占 38.4%，煤炭占 48%，商船吨位占 34%，工业品出口占 37.7%，初级产品进口占 30%。在 1870 年，英国的经济总量排在世界第三位，但人均国民生产值却远远领先于世界其他国家。除此之外，英国还建立了庞大的殖民帝国，把英国变成了一个世界工厂，把伦敦变成了世界首都，把英镑变成了世界货币，这一时期的英国确实是一个超级经济强国。

机器大工业的发展，要求迅速扩大国外市场和原料产地。为此，英国自 19 世纪开始，进一步加强了对外侵略和对殖民地的掠夺。英国的殖民地面积，1800 年为 1130 万平方千米，1850 年为 2000 万平方千米，1876 年为 2250 万平方千米，人口达 2.51 亿人，英国成为世界上最大的殖民帝国。

英国的经济实力从以下表格（表 5.1～表 5.3）中就可以清楚地看出来。

表 5.1　1870—1900 年主要工业国在世界工业生产中所占比例

年代	英国	法国	德国	美国	日本	俄国	其他
1870	32%	10%	13%	23%	—	4%	18%
1881—1885	27%	9%	14%	29%	—	3%	18%
1896—1900	20%	7%	17%	30%	1%	5%	20%

表 5.2　1850—1900 年主要工业国煤炭产量　单位:百万吨

年份	英国	法国	德国	美国	日本
1850	50	4.4	6.7	7.6	—
1860	81.3	8.3	16.7	18.2	—
1870	112.2	13.3	34	36.7	—
1880	149.3	19.4	59	72	0.9
1890	184.5	26	89.3	143	2.6
1900	228.8	33.4	149.8	244.7	7.4

表 5.3　1850—1900 年主要工业国生铁产量　单位:万吨

年份	英国	法国	德国	美国	日本
1850	229	41	21	57	—
1860	389	90	53	84	—
1870	597	118	139	169	—
1880	787	173	273	390	1.6
1890	803	260	466	935	1.9
1900	910	424	852	1401	2.3

英国经济的发展,是建立在无数底层劳动者的血泪和尸骨上的。

工业革命引发的机器大生产,将大量的妇女和儿童卷入劳动市场。1839 年,英国 42 万名纺织工人中,妇女有 24 万人,18 岁以下的少年工和童工有 19 万人。工厂制度给妇女和儿童带来可怕的灾难。母亲为了不因请假而被克扣工资或被解雇,不得不进行堕胎,或在机器旁分娩，使用鸦片剂、安眠药毒害婴儿。母亲上工后，孩子由于无人照管而酿成的死亡事件层出不穷。工人子女六七岁就开始当童工，一般也是“在9岁时就被送进工厂，每天工作6小时半（以前是8小时，再以前是12小时到14小时，甚至18小时），一直工作到13岁，而从这时起一直到18岁每天就工作12小时”。（中共中央编译局，1957）

漫长而繁重的工作，使童工身体发育畸形，智力荒废，道德堕落。马克思指出：“不列颠工业像吸血鬼一样，只有靠吸人血——而且是吸儿童的血——才能生存。”（中共中央编译局，1964a）

资本家为了榨取最大利润，一方面千方百计提高机器转速，增加工人的劳动强度；另一方面又竭力延长工人的劳动时间。19世纪上半叶，工人每天劳动16～18小时是很普遍的。沉重的劳动和很低的收入，使工人能够劳动的年限大大缩短，一般到40岁就成为“老头”，丧失了劳动能力。

英国工人阶级的状况，即使是在19世纪50—60年代的工业高涨时期也没有什么改善。恩格斯在《英国工人阶级状况》中写道：“他们的穷困和生活无保障的情况现在至少和过去一样严重。伦敦的东头是一个日益扩大的泥塘，在失业时期那里充满了无穷的贫困、绝望和饥饿，在有工作的时候又到处是肉体和精神的堕落。在其他一切大城市里也是一样，只有享有特权的少数工人是例外。”（中共中央编译局，1964b）

法国是资本主义国家中的主要国家之一，位于欧洲西部，南濒地中海，西临大西洋，领土面积55万平方千米。

1789年，法国爆发了具有伟大历史意义的法国大革命。这场激烈的反封建斗争，是由资产阶级领导的、广大人民群众积极参加的资产阶级民主革命，最终推翻了封建制度，为法国资本主义的发展创造了有利的条件。

1871年3月，爆发了巴黎公社革命。马克思指出：“英勇的三月

十八日运动是把人类从阶级社会中永远解救出来的伟大的社会革命的曙光。”(中共中央编译局,1964c)

在19世纪的最后30年里,法国的工业生产增加了将近一倍,其中重工业的发展尤其迅速,煤、铁的产量都增加了一倍多,钢产量则增加了15倍,轻工业也有显著的增长。

法国的经济建设的一个显著特点,就是借贷资本主义很发达,为了获得最大利润,法国大量资金外流,对国内企业的投资相对减少。1869年,法国资本输出额为100亿法郎,1900年为300亿法郎,1914年达到600亿法郎,成为仅次于英国的资本输出国家。列宁指出,大量输出资本使法国“在人口、工商业和海运都发生停止的情况下,国家却可以靠放高利贷发财”。(中共中央马克思恩格斯列宁斯大林著作编译局,1971b)

德国是后起的资本主义国家。19世纪中叶以前,德国经济发展水平远远落后于英国、法国等先进资本主义国家,经过19世纪后半期的迅速发展,德国工业先后赶上和超过了法国和英国,成为欧洲头号强国。

德国工业革命经历了三个阶段。第一阶段即19世纪30—40年代,属于初期阶段。第二阶段是从1848年资产阶级革命后到1870年,是具有决定意义的阶段,出现了工业高涨,工厂大工业和资本主义制度在德国确立起来。第三阶段是从1871年德意志帝国建立以后,工业革命就进入后期即完成阶段。

1870年至1871年的普法战争,普鲁士取得胜利,获得了50亿金法郎的赔款。1871年1月18日,普鲁士国王威廉一世称帝,建立了中央集权制的德意志帝国。德国将几十亿赔款用于工业建设和加强军备,并积极运用外国最新技术成就,使工业发展十分迅速。1870年到1913年,德国煤产量从3400万吨上升到27730万吨,生铁产量从139万吨上升到1931万吨,钢产量从17万吨上升到1833万吨。同时化学、电气等部门也得到了迅猛发展,从1891年到1913年,德国电气工业总产值增加了28倍。列宁指出:“电气工业是最能代表最新的技术成就和19世纪末、20世纪初的资本主义的一个部门。它在美国和德国这两个最先进的新型资本主义国家里最发达。”(中共中央马克思恩格斯列宁斯大林著作编译局,1971b)

19世纪70年代末到80年代初,德国完成了工业革命,到20世纪初,资本主义工业化在德国也实现了。到第一次世界大战前夕,德国已在最新技术基础上建立起较为完整的工业体系,成为一个以重工业为主导的资本主义工业强国。1913年,德国在世界工业总产量中的比重达到15.7%,居第二位,仅次于美国。

美国位于北美洲南部。18世纪70年代,经过反英独立战争,美国获得独立,成立美利坚合众国。美国这个后起的资本主义国家,在独立后的一百年间迅速发展起来,到19世纪80年代初就跃居资本主义各国工业生产之首。

美国的工业革命是从19世纪初开始的。1807年,美国人富尔顿制造出第一艘汽船,试航成功。1817年,美国已经建立起一批制造蒸汽机的工厂。1828年,美国开始修建第一条铁路,此后大规模的铁路建设,又带动了东部重工业的发展和西部农业生产的增长。随着工业革命的推进,美国工业有了迅速发展。从1810年到1860年的50年间,美国工业总产值增长了将近9倍,美国工业生产在世界上位居英国和法国之后,列第三位。

资本的信条是尽可能地榨取更多的利润。为了达到这一目的,美国资本主义在它发展的初期就开始了野心勃勃地向外扩张和侵略,包括侵略中国。1844年和1858年,美国借中国两次对英鸦片战争失败之际,借口效仿英国,强迫清政府先后签订了《望厦条约》和《天津条约》,取得在中国的最惠国待遇、领事裁判权和内河航行权,迫使中国放弃关税自主权,以及开放八个港口同美国通商。美国利用这些特权,扩大了对中国的商品输出。

1861年,代表北方资产阶级利益的共和党人林肯当选美国总统,南方发生叛乱,爆发了南北战争,1865 年,内战以北方的胜利而结束。南北战争后,美国扫除了资本主义发展的障碍,工业进入迅猛发展的新时期。从 1860 年到 1913 年,美国煤产量从 1820 万吨增加到 5.17 亿吨,生铁产量从 84 万吨增加到 3146 万吨,钢产量从 1.2 万吨增加到 3180 万吨,铁路里程从 4.9 万千米增加到 40 万千米。

在这一时期,美国工业的发展速度远超英国、法国等资本主义国家,在 19 世纪 80 年代初,美国的工业已经跃居世界第一位,到 1913 年,美国工业生产的优势地位更为显著,在整个世界工业中占 38%,比英国的 14%、德国的 16%、法国的 6%、日本的 1%四国工业生产之和还多。

商品输出是资本主义的重炮,是对外经济扩张的重要手段。随着美国资本主义的成长,它的商品输出也在迅速增加。从 1876 年开始,美国改变了它长期以来所处的入超国的地位,成为出超国;到 1900 年,美国对外贸易额在世界对外贸易总额中占第二位,仅次于长期垄断世界市场的英国。

高度发达的经济状况是美国工人阶级和劳动群众创造的,然而,工人阶级的劳动条件和生活状况却没有得到改善,他们所受的剥削越来越重,工作和生活状况日益恶化。工人的劳动条件非常差,工矿企业中缺乏最必要的安全设备和劳动保护设施,伤亡事故和职业病都非常严重。20 世纪初,因工业事故死亡的工人每年平均达到 7.5 万人,其中有 3.5 万人在事故中当场死亡。

随着阶级矛盾的日益尖锐化,工人阶级反对资产阶级要求改善工作和生活条件的斗争也日益激烈,罢工斗争此起彼伏。1886 年 5 月 1 日,芝加哥工人为争取每天 8 小时工作制而开展罢工,取得了巨大的胜利。1889 年,第二国际巴黎大会决议将 5 月 1 日定为“国际劳动节”。

美国是一个高度发达的资本主义工业国,进入 20 世纪,美国已经成为世界工业大国,其工业产值大大超过英国、德国、法国而位居世界第一。

在主要资本主义国家中，日本是一个最后起的国家。当日本在1868年实行明治维新，跨入资本主义门槛时，欧美先进国家已经处于垄断资本主义的前夜。但是，日本进入资本主义以后发展很快，在半个世纪里就已跃进到了资本主义强国的行列。

日本是一个岛国，地处太平洋西侧、亚洲东缘，领土面积37.8万平方千米，占世界陆地面积的0.28%，1900年人口4400万人，1950年人口8400万人，1980年人口1.17亿人。

从1868年起，日本进行社会政治经济改革，提出了富国强兵、殖产兴业等措施，也就是明治维新，加速了资本原始积累的过程，为日本发展成为资本主义强国创造了条件。到19世纪80年代，明治维新的各项重要政改都已完成，在1885年前后出现了创办企业的高潮，工业革命进入迅速展开的新阶段；到19世纪90年代，工业革命已经扩展到了所有主要产业部门。

明治维新以来，日本国内的各种矛盾也在聚集，为了缓和国内矛盾，夺取国外市场和殖民地，日本于1894年8月1日发动了大规模侵华战争——甲午战争，在其他列强的支持下，日本获胜，迫使清政府在1895年4月签订了丧权辱国的《马关条约》，日本获得了2.3亿两白银的赔款等利益，这次战争是日本由被压迫国家变为压迫国家的转折，也是日本工业革命进入新阶段的转折。此后十年，日本近代工业的主要部门都已建立起来，工业革命取得了重大胜利。

1914年7月，第一次世界大战爆发，日本统治阶级以“恪守日英同盟的友谊”为借口，于8月23日宣布对德作战，9月2日又宣布参加以英法为首的协约国一方。日本参战是假，借机侵略中国是真。在军事扩张的同时，日本又趁西方国家忙于战争的机会，大规模地向亚非广大地区进行经济扩张。日本依靠第一次世界大战，改变了工农业在国民经济中的地位，进入了资本主义工业国的行列。

1945年8月，日本宣布投降，此时日本的经济状况异常严峻。

此后,日本经济的迅速发展被称为“奇迹”,为世界各国尤其是亚洲国家树立了一个从不发达国家向发达国家转变的榜样。

从1946年起,日本经过大约10年的经济和社会改革,工农业生产已经超过战前和战时最高水平,特别是电力、钢铁、机械等基础工业得到很大加强,这就为整个工业的大发展奠定了坚实的物质基础。1956年,日本政府发布《经济白皮书》宣称:“我们正在面临着新的局势。以恢复为杠杆的成长已告结束。今后的成长将由现代化来支撑。而且,现代化的进步,只能是通过迅速而稳定的经济发展才有可能。”从1956年起,日本工业出现了新的大发展局面,标志着日本工业发展进入了实现现代化的时期。

由于战前军事立国战略的失败和国内外条件的制约,特别是日本全国上下发展经济、富裕生活的强烈愿望,使得从20世纪50年代初期到80年代初期,在长达30年的时间里,对日本历届政府的国家政策制定起指导作用的战略思想就是全力发展经济。在此期间,日本最大限度地调动一切可能的力量,利用国内外各种有利条件促成了经济的持续高速发展。

针对国内自然资源缺乏的不利条件,日本确立了“工业立国”和“贸易立国”的发展战略,并在20世纪60年代初提出工业结构向先进国家看齐,实现“工业结构高度化”,从1956年到1973年的18年间,日本工业发展是迅速的,成就是巨大的,这一时期被称为“高速增长”时期。在这18年间,工业生产增长了8.6倍,平均每年增长13.6%;到1970年,日本基本上实现了工业现代化,成为仅次于美国和苏联的世界经济大国。1973年,日本的船舶、收音机等5种产品的产量居世界第一位,水泥、橡胶等6种产品的产量居世界第二位,生铁、粗钢等7种产品的产量居世界第三位。同时,日本的工业品特别是钢铁、机械、汽车、船舶、家用电器等,在质量上达到世界第一流,在国际市场上有着很强的竞争力。

由于经济快速发展,日本在世界经济中的地位急剧上升。1950

年，日本国民生产总值不仅低于美国、英国、法国和西德，还低于加拿大和印度。1954年，日本国民生产总值超过印度，1960年超过加拿大，1967年超过英国和法国，1968年超过西德，跃居资本主义国家第二位，仅次于美国。日本同美国的差距也越来越小，日本国民生产总值1950年是美国的1/26，1973年时已达到美国的1/3。

1982年以来，日本经济的增长率仍然明显高于其他西方发达国家，从1982年到1987年，日本经济平均每年增长4%，而美国为2.8%，西德为1.7%，法国为1.2%，英国为3.3%。经济的持续较快增长，使得日本经济实力更加雄厚。1985年，日本取代美国成为世界头号债权国；1987年，日本又取代美国成为世界头号资产大国。

自从明治维新以来，日本始终将追赶欧美发达资本主义国家作为其至高无上的国家战略。正如日本首相中曾根康弘在其《新保守理论》一书中所写的："从明治维新以来的100年里，日本人一直是盯着坡上的一朵云，即以欧美发达国家为目标，聚精会神地向前追赶过去。"

美国赖肖尔所著《日本人》一书中这样评价日本："这样一种新型大国——不是借助军事实力和领土，而是依靠经济、金融和技术的综合力量，使自己具有驱动世界经济的实力。"

第二次世界大战后的世界资本主义，尽管在发展前进道路上历经坎坷，险阻重重，但并没有再发生20世纪30年代那样的经济危机，也没有发生新的世界大战，反而在经济上驶向了空前的大发展。几十年间，发达资本主义国家的科学技术取得了飞跃进步，出现了新的科技革命，使生产力得到了迅猛的发展。这些国家的产业结构不断发生新的变化，新兴产业部门不断涌现，并且获得迅速发展，整个经济和社会逐步从工业化向信息化转变。资本主义国家之间的贸易也迅速扩大，逐渐出现地区经济一体化和国际经济一体化的趋势。在生产力水平空前提高的条件下，尽管这些国家的贫困和失业现象仍然存在，但工人阶级和劳动人民的工资收入和生活水平也得到了较大提高，社会保障制度也较为普遍地建立起来。总之，世界资本主义的发展出现了相对稳定的趋势。

从20世纪50年代到70年代初期，世界资本主义进入快速增长的“黄金时期”，在此期间，资本主义国家的经济得到了飞速的发展；到80年代，各主要资本主义国家在经济上迅速成为高度发达的现代化国家。战后资本主义之所以发生如此重大的变化，主要有两个方面的原因，一是这些国家参照社会主义实行计划经济的优点，加强国家对经济和社会等各个领域的干预和调节；二是充分利用科技革命的最新成果，迅速调节经济结构，发展新兴产业，推进世界经济一体化，从而大大促进了生产力的发展。

总之，借助于国家干预和调节作用的加强，同时借助于新科技革命浪潮的推动，发达资本主义国家的经济发展走在了世界的前列，从而将社会主义国家抛在了后面。

社会主义同资本主义的竞争和较量任重而道远，这也对社会主义安全生产赋予了更加重大的历史使命。

第一节 增强社会主义国家综合国力

社会主义安全生产的第一项使命，就是增强社会主义国家的综合国力，尤其是增强社会主义国家的经济实力。

社会主义国家同资本主义国家的竞争和较量，是在许多方面、许多领域进行的，其中最直接、最基础的就是经济建设领域。要体现社会主义制度的优越性，在经济建设方面就要付出比资本主义国家更小的投入和代价，并取得比资本主义国家更大的产出和回报，无论哪一点，都离不开社会主义安全生产。

抓好安全生产对经济建设的保障和促进作用，可以通过发生生产安全事故对社会财富的毁坏看出来。

安全与效益成正比，事故与效益成反比，这不仅是工业生产规律,同时也是一个基本的经济发展规律。

1997 年,联合国秘书长安南发表了《职业卫生与安全——一项全球、国际和国家议事日程中的优先任务》,指出:1948 年,联合国全体会议通过的《世界人权宣言》确认,所有人享有公正和良好的工作条件和权利。令人遗憾的是,全世界仍有数亿人在人的尊严和价值被漠视的条件下工作。据估计,每年共发生 2.5 亿起事故,导致 33 万人死亡。另外,有 1.6 亿工人罹患本可避免的各种职业病,而为数更多的工人,其身心健康和福利状况受到各种威胁。这些职业性伤病所造成的经济损失,相当于全球国民经济产值(GNP)的 4%;至于由此所导致家破人亡和社区破坏而带来的损失,则难以计数。

据联合国统计,世界各国平均每年的事故损失约占国民生产总值的 2.5%,预防事故和应急救援方面的投入约占 3.5%,两者合计为 6%。国际劳工组织编写的《职业卫生与安全百科全书》指出:"可以认为,事故的总损失即是防护费用和善后费用的总和。在许多工业国家中,善后费用估计为国民生产总值的 1%至 3%。事故预防费用较难估计,但至少等于善后费用的两倍。"面对这种状况,国际劳工组织的官员惊呼:事故之多、损失之大,真使人触目惊心。从事故损失的严重性,也可以看出安全投入的重要性和必要性。

事故对社会财富的毁坏,没有社会主义、资本主义之分。发生重大事故,就会造成重大经济损失和人员伤亡;同样,抓好安全生产对社会财富的保障,也没有社会主义和资本主义之分,只要抓好安全生产工作,就会保证机器设备、厂房工地、生产原料、最终产品等的完好无损。而对于社会主义国家而言,抓好社会主义安全生产工作更有着特别重大的意义,在资本主义国家的经济实力强于社会主义国家的经济实力的情况下,社会主义国家更应当抓好安全生产工作,从而为赶超资本主义国家奠定更加雄厚的物质基础。

从20世纪50年代到70年代初期，世界资本主义进入快速增长的“黄金时期”，在20多年的时间里，虽然各个资本主义国家的发展并不平衡，但发达资本主义国家国内生产总值的年平均增长率达到将近5%。其中，1953—1962年的年平均增长率是：美国2.8%，日本8.7%，英国2.7%，法国5.1%，德国6.8%，意大利5.8%，加拿大4.2%，发达资本主义国家平均是4.8%。1963—1972年的平均增长率是：美国4%，日本10.7%，英国2.8%，法国5.5%，德国4.6%，意大利4.7%，加拿大5.5%，发达资本主义国家平均是5%。

1973年至1974年，因中东战争爆发而引起石油危机，原油价格从每桶3.01美元提高到11.65美元，这对资本主义世界是一个重大打击，导致生产成本的提高和物价的全面上涨，失业率急剧上升，工人和劳动人民的实际收入大幅度下降。尽管如此，这些资本主义国家的经济仍然保持持续增长的势头，并没有出现经济发展停滞的现象。发达资本主义国家1973—1983年国内生产总值年平均增长率是：美国2.3%，日本4.3%，英国1.1%，法国2.5%，德国2.1%，意大利2.2%，加拿大2.3%，发达资本主义国家平均是2.4%。

第二次世界大战结束后，国际政治经济形势发生了很大变化，帝国主义制度被削弱了，一批社会主义国家出现了，绝大多数以前的殖民地附属国获得了独立。但是，旧有的国际经济秩序并没有从根本上触动，国际经济格局的基本特点仍然是富国越来越富，穷国越来越穷，各国之间的贫富差距令人触目惊心。根据联合国的材料，20世纪70年代末，发展中国家的人口数量占世界总人口的73%，但其在全球生产总值中仅占20%；与此相应的是占世界人口18%的发达国家，却占全球生产总值的65%。根据世界银行的材料，1980年发展中国家的人均国内生产总值是850美元，而西方工业国家的人均国内生产总值是10660美元，是发展中国家的12.5倍。

20世纪80年代末以来，在信息革命和经济全球化浪潮的冲击下，世界经济发生了前所未有的大变动，在变动中各国的经济也有了新的发展和变化。

80年代以来，美国、英国等西方主要资本主义国家推动了生产力的新飞跃、科学技术的新飞跃、经济社会化的新飞跃，积极抢占高技术和高附加值的产业，将大部分低附加值、劳动密集型产业或在本国成本较高的产业调整出去，又不断创造出新型工业部门，使生产效率显著提高，生产规模不断扩大，也使这些国家的对外经济关系更加广泛，使得其经济实力进一步壮大，在国际分工体系中继续保持支配地位，主导着世界经济事务的主要方面。

面对这一轮经济全球化，苏联和东欧国家由于僵化模式的束缚，未能作出积极的反映，在经济发展上相形见绌，加上其他原因，最终导致东欧剧变、苏联解体，使社会主义遭到严重挫折。以苏联和东欧国家的经济社会大幅度倒退为代价向市场经济转轨，融入经济全球化大潮，是这一轮经济全球化中的一个重大事件。

到21世纪初，资本主义发达国家以及社会主义中国在经济实力上的竞争处于一种什么状况呢？美国、日本、英国、法国、德国、中国1990年至2015年GDP增长情况见表5.4。

表5.4 美、日、英、法、德、中六国1990年至2015年GDP增长状况表

单位：万亿美元

年份	全球	美国	日本	英国	法国	德国	中国
1990年	22.56	5.98	3.10	1.09	1.27	1.76	0.36
2000年	33.32	10.28	4.73	1.55	1.37	1.95	1.20
2005年	47.14	13.10	4.57	2.42	2.20	2.86	2.27
2010年	65.64	14.96	5.50	2.40	2.65	3.42	6.04
2015年	73.43	17.95	4.12	2.85	2.42	3.35	10.86

美国、日本、英国、法国、德国、中国1990年至2015年人均GDP增长情况见表5.5。

表 5.5 美、日、英、法、德、中六国 1990 年至 2015 年人均 GDP 增长状况表

单位:美元

年份	世界平均	美国	日本	英国	法国	德国	中国
1990 年	4271	23955	25124	19096	21795	22220	316
2000 年	5449	36450	37300	26401	22466	23719	955
2005 年	7237	44308	35781	40048	34880	34697	1740
2010 年	9482	48374	42935	38293	40706	41788	4515
2015 年	9996	55837	32477	43734	36248	41219	7925

从以上两表中可以清楚地看出,社会主义的中国在同资本主义的美国、日本、英国、法国、德国的经济竞争和较量中,尽管取得了明显的进展,但尚未取得优势。

从经济总量上看,中国 GDP 总量增长较快,1990 年是 0.36 万亿美元,占世界 22.56 万亿美元的 1.595%;2015 年中国 GDP 是 10.86 万亿美元,占世界 73.43 万亿美元的 14.79%,居世界第二位。

从人均 GDP 看,中国人均 GDP 增长也较快,1990 年是 316 美元,占世界人均 GDP 4271 美元的 7.4%;2015 年中国人均 GDP 7925 美元,占世界人均 GDP 9996 美元的 79.3%,增长较为明显。

然而,中国人均 GDP 同世界发达资本主义国家人均 GDP 差距却在不断扩大。1990 年,中国人均 GDP 比美国人均 GDP 少 23639 美元,2015 年这一差距扩大到 47912 美元;1990 年中国人均 GDP 比英国人均 GDP 少 18780 美元,2015 年这一差距扩大到 35809 美元;1990 年中国人均 GDP 比德国人均 GDP 少 21904 美元,2015 年这一差距扩大到 33294 美元。

1990 年,联合国开发计划署提出了一个新的评价国家经济发展指标体系(人类发展指数 HDI),包括国民的平均预期寿命、受教育程度和人均收入等。在这个新的指标体系中,人均国内生产总值仍是反映一个国家或地区生产力水平的最重要指标。

根据世界银行统计，1998 年 48 个发达国家的人均国内生产总值平均为 2.26 万美元。中国 2001 年人均国内生产总值约为 900 美元，约为 1998 年时日本的 1/36，美国的 1/32，德国的 1/30，法国的 1/28，英国的 1/24，希腊的 1/13，葡萄牙的 1/12。此时中国属于低收入的发展中国家。

中国同发达资本主义国家在综合国力上的差距，不仅仅是人均 GDP，还体现在劳动生产率上。

首先，中国农业劳动生产率十分低下。20 世纪 80 年代后期，平均每一名农业劳动力提供的食物，中国只能养活 3 人，而美国可以养活 465 人，是中国的 155 倍；英国可以养活 126 人，是中国的 42 倍。1988 年，中国农业劳动者人均创造的增加价值仅为 447 美元，而美国农业劳动者人均创造的增加价值是 25468 美元，是中国的 57 倍；加拿大为 18024 美元，是中国的 40 倍；日本为 8140 美元，是中国的 18 倍。

其次，中国工业劳动生产率也十分低下。20 世纪 70 年代末，德国年产煤炭 5000 万吨的煤矿只有 2000 名工人，而中国同等规模的煤矿要用 16 万人，劳动生产率是德国的 1/80。

中国劳动生产率的低下、人均 GDP 的低下，使中国在同发达资本主义国家的经济竞争中处于十分明显的劣势。联合国发展规划委员会 1981 年修改后的最不发达国家的标准，第一条是“人均国民生产总值在 250 美元以下”。1980 年，中国人均国民生产总值 310 美元，仅仅稍微高于最不发达国家的标准，这同中国应有的地位和影响力是很不相称的，这也说明中国的社会生产力还不够发达，中国的综合国力还不够强大。

综合国力是指一个国家生存和发展所拥有的全部实力及国际影响力的综合，包括政治力、经济力、科技力、国防力、文教力、外交力、资源力等方面的内容。从 1949 年到 1989 年，经过 40 年的建设，中国的综合国力有了明显提升，但同西方发达国家相比仍处于劣势。中国同西方发达国家综合国力的对比见表 5.6。

表 5.6　中外综合国力比较

1949 年			1989 年		
国家	综合国力指数	位次	国家	综合国力指数	位次
美国	337.37	1	美国	439.77	1
苏联	219.28	2	苏联	224.72	2
英国	141.50	3	德国	218.38	3
法国	128.33	4	日本	211.47	4
西德	77.09	5	法国	198.90	5
日本	72.64	6	中国	133.07	6
意大利	62.02	7	英国	114.08	7
加拿大	59.08	8	巴西	108.05	8
巴西	36.32	9	印度	96.16	9
澳大利亚	30.86	10	加拿大	86.64	10
中国	20.54	13	澳大利亚	72.59	11

根据 1991 年第 4 期《党员生活》杂志刊登文章介绍，我国分项的综合国力在世界上的位次是：①资源力（包括物力资源和人力资源），居世界第 6 位；②经济力，主要测算国民生产总值、主要工农业产品产量等指标，居世界第 8 位；③科技力，主要测算国家重大科技成果、科技人员情况等，居世界第 9 位；④教育力，居世界第 10 位；⑤文化力，居世界第 6 位；⑥国防力，居世界第 3 位；⑦外交力，居世界第 8 位。

同资本主义发达国家相比，中国的综合国力远远落后于这些国家，那么中国应当采取什么方法才能加快经济发展，在综合国力上赶上和超过这些发达资本主义国家呢？方法和途径有很多，抓好社会主义安全生产就是不可缺少的一条。

抓好社会主义安全生产工作，能够有效保护社会主义国家的社会财富，同时还能有效保护创造社会财富的人，这就是社会主义安全生产工作为增强社会主义国家综合国力所发挥的重要作用。

在现代化的生产建设中,一方面劳动资料是现代化的机器设备,价格十分昂贵,另一方面劳动者是现代化的劳动者,在其成长过程中已经消耗了大量的社会资源和财富;所以一旦发生生产安全事故,对机器设备的毁坏和对人员的伤害,将会毁灭社会主义国家的大量财富,使社会主义国家的经济实力遭受重大损失,这就会使社会主义国家在同资本主义国家的竞争中处于更加不利的地位。自然,抓好社会主义安全生产工作,就会避免发生这种重大损失,消除这种不利状况。

生产安全事故给国家和人民带来的灾害,从以下案例就可以清楚地看出来。

——1993 年 8 月 27 日晚,青海省海南藏族自治州共和县沟后水库发生垮坝事故,死亡 288 人,失踪 40 人,直接经济损失 1.53 亿元。

——2013 年 11 月 22 日,位于山东省青岛市经济技术开发区的中石化东黄输油管道泄漏爆炸,造成 62 人死亡,136 人受伤,直接经济损失 7.5 亿元。

以上案例所说经济损失,是指直接经济损失,而实际上,生产安全事故所造成的经济损失远不止直接经济损失,其间接经济损失更是难以估量。

美国著名安全生产学者海因里希在《工业事故预防》一书中提出了十条"工业安全公理",其中第十条公理指出:"事故后用于赔偿及医疗费用的直接经济损失,只不过占事故总经济损失的 20%。"也就是说,一场生产安全事故的总经济损失是直接经济损失的 5 倍,事故造成的经济损失之大,真可谓触目惊心。

生产安全事故对社会财富的毁坏也不限于经济范围,对人员的伤害同样也在破坏社会财富,因为任何一个人的成长都耗费了无数的社会财富和资源,同时还期待他在走上工作岗位后源源不断地创造财富回馈家庭和社会,一旦因为生产安全事故而丧失生命,所有这些都将化为乌有。

要增强社会主义国家的综合国力，当然要保护好所有的财富，包括劳动资料、劳动对象和劳动产品，但更重要的是保护好劳动者；特别是在现代化的生产条件下，每一个现代化的劳动者都是国家、企业以及家庭耗费了大量社会财富和资源才教育培养出来的，他在其一生的工作和劳动中，能够创造出几倍、十几倍、几十倍甚至无数倍对其本人投资金额的财富和价值，一旦发生事故导致其生命结束，原本可能创造的财富和价值瞬间归零，这当然是整个国家和社会无可挽回的重大损失。要避免这一重大损失，就必须抓好安全生产工作，确保每个劳动者的生命安全和身体健康，使广大劳动者都能平安健康地为国家、为社会同时也为自己平安健康地奋斗一辈子。

中国作为社会主义大国，经过70年的持续发展，经济实力显著增强。从1952年至2018年，中国工业增加值从120亿元增加到305160亿元，按不变价格计算增长970倍，年均增长11%；国内生产总值从679亿元增加到90万亿元，按不变价计算增长174倍，年均增长8.1%；人均国内生产总值从119元增加到2018年的64644元，按不变价计算增长70倍。根据世界银行数据，按市场汇率计算，2018年中国经济规模为13.6万亿美元，仅次于美国的20.5万亿美元。对外贸易持续增加，2009年中国成为全球最大货物出口国、第二大货物进口国，2013年成为全球货物贸易第一大国。改革开放以来，中国引进外资大幅增加，日益成为吸引全球投资热土。中国已经成为世界第二大经济体、制造业第一大国、货物贸易第一大国、商品消费第二大国、外资流入第二大国、外汇储备第一大国。而与此同时，中国仍然是一个发展中国家，社会主义现代化建设事业任重而道远。

社会主义同资本主义的竞争和较量是长久的，在这个长期的较量中，首先比拼的是综合国力特别是经济实力。为了增强社会主义国家的综合国力特别是经济实力，一方面要做好创造财富、增加财富的工作，另一方面也要做好维护财富、保障财富的工作，在这个事关社会主义现代化建设成败的重大问题上，必须两手抓，两手都要硬。

第二节　增加社会主义国家物质产品

社会主义安全生产的第二项使命，就是增加社会主义国家的物质产品。

之所以说劳动最伟大，就是因为劳动创造出来的物质产品供养了人类，维系了社会，使得人类文明不断发展进步。对此，马克思和恩格斯明确指出："我们首先应当确定一切人类生存的第一个前提也就是一切历史的第一个前提，这个前提就是：人们为了能够'创造历史'，必须能够生活。但是为了生活，首先就需要衣、食、住、行以及其他东西。因此第一个历史活动就是生产满足这些需要的资料，即生产物质生活本身。"(中共中央编译局，1972c)

正是有了劳动创造出来的物质产品，人类才能生存和发展，因此，对所有的劳动产品，我们都应当倍加珍惜和爱护，因为任何劳动成果都是来之不易的。

对劳动产品和社会财富的珍惜和爱护，通常有两种方式，一种是在消费和使用产品的时候厉行节约，不要浪费；另一种是在生产产品、创造财富的时候，抓好安全生产。特别是在当今中国，正处于并将长期处于社会主义初级阶段，也就是生产力不发达阶段，从生产到消费无论哪个阶段都应当珍惜和爱护，尤其是抓好产品生产阶段的珍惜和爱护也就是确保安全生产，就是对生产力的三要素(劳动者、劳动资料、劳动对象)以及劳动产品的保护，其意义更加重要，效果更加显著。

人类社会的发展历史，就是解放生产力、发展生产力、提高生产率的历史，就是持续提高物质产品生产能力的历史，特别是工业革命以来，这一能力的提高实现了历史性的跨越，得到了成百上千倍的提高，推动了整个人类文明的大步前进。

在社会生产力的发达程度、人均主要工业产品上，中国比发达资本主义国家落后很多年。

中国是一个具有5000年文明的国家，为人类文明的发展进步作出了杰出的贡献。在公元1000年至1600年之间，中国的经济规模长时间保持世界首位，人均收入大体上处于世界平均水平。18世纪是中国的康雍乾朝代，是中国传统经济发展的最高峰，乾隆末年中国人口达到3亿人，耕地面积约为10.5亿亩，年产粮食（皮粮）2040亿斤，平均每人每年占有粮食680斤（去掉壳后约有540斤），这已经可以保证人们温饱、安定的生活。同时手工业、商业也比较发达，市场活跃，对外贸易繁盛，常年出超，白银不断从全世界滚滚流入中国。1750年（乾隆十五年），中国GDP是世界各国中最高的，占世界GDP份额的32％，印度占24％，欧洲五国英国、法国、德国、俄国、意大利共占17％。

18世纪是世界历史的分水岭。英国发生了产业革命，法国发生了资产阶级革命，美国发生了独立战争，这些伟大事件震撼和改变了世界。欧洲经济迅速增长，人们好似得到了神奇的钥匙那样一下子打开了珍贵的宝库，被束缚的生产力突然释放出来，工业产品的产量几百倍、几千倍地增长，资本主义展翅高飞。人类总体上生产能力和物质财富大大增加，而付出的代价就是全世界出现了更多的贪婪、剥削和不公平，留下了无产阶级和殖民地人民的斑斑血迹和泪痕。

世界在前进，而中国却沉睡在天朝上国的大梦之中，由于社会结构已经陈旧僵化，难以越过现代化的门槛，被工业化的列车甩得越来越远。

1840年鸦片战争以后，中国外受列强的侵略，内受封建政府的压迫，战火频起，兵戈不息，经济衰退，民不聊生，国家实力迅速下跌。战前中国GDP还占世界30％，为世界各国之首；但过了60年，到1900年八国联军侵华时，中国的GDP只占世界总额的6％。这一年，欧洲五国GDP则占世界的54.5％，其中英国占18.5％，德国占

17.9%，法国占6.8%，意大利占2.5%，俄国占8.8%；美国后来居上，占23.6%，日本占2.4%，以上七个国家的GDP就占世界的80.5%。不仅如此，这些国家已经成为工业化强国，工业产品生产能力领跑世界，而中国还是一个农业大国，在工业生产上已经被远远落在后面，这一状况一直持续到20世纪中叶。

以人均生铁产量为例。1800年英国人均生产生铁12千克，1950年中国人均生产生铁1.77千克，1958年中国人均生产生铁20千克，中国人均生铁产量超过英国1800年人均生铁产量，花了158年。

以人均煤炭产量为例。1800年英国人均生产煤炭631千克，1950年中国人均生产煤炭78千克，1982年中国人均生产煤炭655千克，中国人均煤炭产量超过英国1800年人均煤炭产量，花了182年。

同资源十分贫乏的岛国日本相比，中国在钢、水泥、化肥的人均产量上也长期落后(表5.7～表5.8)。

表5.7　中国钢、水泥、化肥人均产量表　　单位:千克

产品	1950年	1960年	1970年	1978年
钢	1.1	28	21	33
水泥	2.5	23.6	31	68
化肥	0.03	0.6	3	9

表5.8　日本钢、水泥、化肥人均产量表　　单位:千克

产品	1950年	1960年	1970年	1978年
钢	58	237	891	885
水泥	53	241	546	736
化肥	3.7	24.5	34	

从以上两表可以看出，到20世纪70年代，中国人均钢、水泥、化肥产量远远落后于日本，日本少则是中国的10倍，多则是中国的40多倍，差距非常大。

中国不仅工业产品人均产量远远落后于发达资本主义国家，而且主要农产品单位面积平均产量也落后于发达资本主义国家（表5.9）。

表 5.9　1978 年中国、美国、日本、法国、意大利粮食单位面积平均产量表

单位：千克/公顷

国家	稻谷	小麦	玉米
世界平均	2622	1905	3083
中国	3975	1845	2805
美国	5026	2123	6330
日本	6418	3274	—
法国	3576	5034	5286
意大利	5120	2688	6704

从上表可以看出，中国的稻谷单产在世界平均水平之上，但同美国、日本、意大利相比还有很大差距；中国的小麦、玉米单产在世界平均水平之下，并远低于美国、日本、法国、意大利。

社会主义同资本主义的竞争，首先就是马克思和恩格斯所说的“第一个历史活动”即“生产满足这些需要的资料”的竞争。中国已经落后于西方发达资本主义国家，在进行物质产品生产时就更应当奋起直追，加快赶超；而抓好安全生产工作，就是增加社会主义国家物质产品的一个重要方法，一条重要途径。

马克思指出：“劳动生产力是由多种情况决定的，其中包括：工人的平均熟练程度，科学的发展水平和它在工艺上应用的程度，生产过程的社会结合，生产资料的规模和效能，以及自然条件。”（中共中央编译局，1975a）这些就是提高社会主义生产过程效率、增加社会主义国家的物质产品数量的因素。

物质生产领域是社会生活中具有决定意义的领域。在这个领域里创造足够的物质产品和财富，才能保证社会全体成员物质福利的增长和每个社会成员的全面发展。包括非物质生产领域内的其他一切活动的发展，归根结底也要依赖于物质生产领域。

任何生产都要有人的要素和物的要素，其中人的要素就是指劳动者，物的要素则包括劳动资料和劳动对象。要想尽可能地多创造出物质产品和财富，就必须保证人的要素和物的要素的完好以充分发挥其应有作用，就必须抓好安全生产工作，这是一个简单常识。对社会主义国家而言，在产品生产和经济发展上已经落后于发达资本主义国家，就更应当倍加珍惜和爱护现有的劳动者、劳动资料和劳动对象，做到“人尽其能、物尽其用”；反之，如果抓不好安全生产工作，发生生产安全事故就会给劳动者、劳动资料和劳动对象造成巨大损害，包括已经生产出来的产品也同样会被损坏，这就直接影响社会主义社会的产品的供应。

社会产品和财富的生产创造，同劳动者、劳动资料和劳动对象的完好息息相关，这不仅仅是生产经营单位内部的事，事故严重者还会对社会其他单位、其他方面造成损害。从以下几个实例就可以清楚地看到生产安全事故对社会产品和财富造成的巨大损害。

——1950 年 6 月 14 日，北京市朝阳门外北京辅华合记矿药制造厂发生特大爆炸事故，当场炸死 39 人，炸伤 406 人，受灾市民 3121 人，毁坏房屋 2425 间。6 月 15 日上午，北京市政府召开紧急会议，研究处理善后工作。

——1963 年 5 月 1 日，中国制造的第一艘万吨级远洋货轮“跃进号”首航日本，自青岛驶向日本门司途中，在韩国济州岛西南海域突然遇难沉没，国内外各方面非常震惊。

“跃进号”是由苏联专家帮助设计、大连造船厂建造、1958 年 11 月 27 日建成下水的远洋货轮，载重 15930 吨，排水量 2.21 万吨，船上设备比较先进，是中国第一艘行驶中日航线的大型货轮。

1963 年 4 月 30 日，“跃进号”货轮从青岛起航，预计于 5 月 2 日上午抵达日本门司。这艘船是根据廖承志——高崎达之助备忘录中日民间贸易协定,装载着玉米近万吨及矿产品和其他货物3600多吨运往日本的。

“跃进号”起航后一直同中国港口保持着正常联系。北京时间5月1日下午2时10分,当船行驶到韩国济州岛西南海域时,突然发出紧急呼救信号,随即失去联系。中国政府立即命令海军派出四艘护卫舰进行营救。当护卫舰抵达出事海域时,“跃进号”的59名船员已经被日本渔船救起。

事故发生后,一度盛传货轮是遭受水下攻击沉没的,导致国际舆论大哗。韩国和美国先后声明与此事无关。中国政府责成交通部派出调查作业船和海军舰艇进行调查。1963年6月2日,新华社奉命就此事发表声明:经过周密调查,已经证实“跃进号”是因触礁沉没的。这次事故发生的主要原因有:业务部门制定航线时没有调查清礁区情况,制定的是一条曲折复杂的航线;制定航线时没有让船长参加;技术船员在开航前半个月大部分被撤换;船长在开航前五天才调任,没有时间熟悉船况和航线,结果轮船在航行途中偏离航线而触礁沉没。

要增加社会主义国家的物质产品,还必须珍惜和爱护大自然。

马克思指出:“自然界和劳动一样也是使用价值的源泉。”(中共中央编译局,1972a)

恩格斯指出:“劳动和自然界一起才是财富的源泉,自然界为劳动提供材料,劳动把材料变成财富。”(中共中央编译局,1972a)

这两句话深刻说明,人类所创造和拥有的财富来源于两个方面,一是自然界,二是劳动。

正如恩格斯所说,自然界为劳动提供材料,劳动把材料变成财富,所以要增加社会产品和财富,就必须善待大自然,否则必将受到大自然的严厉惩罚。

1988年10月5日至11月5日,位于山东省和江苏省交界的南四湖区苇田发生火灾,损失巨大。

南四湖是微山湖、南阳湖、独山湖、昭阳湖的合称，由这四湖组成的南四湖南北长 120 千米，湖面面积 12233 平方千米，布满了天然芦苇。

芦苇是简易建筑、纺织的材料和工业原料，是宝贵的资源。芦苇完全是自然生长，基本不需要田间管理，秋天成熟之际变得枯黄、干燥，容易着火。

1988 年，南四湖区遭遇百年罕见的干旱，到了秋天收割的季节，湖水完全干涸，苇田面积空前扩大，芦苇异常干燥，火魔的阴影已经悄悄笼罩在湖区上空。然而，面对潜在的巨大风险，常年住在湖区的人们却若无其事，一如既往地随意用火，从 10 月 5 日起，先后起火 19 处，各处火势迅速扩大并汇合成一大片，形成了燎原之势。

火灾发生后，当地消防人员、公安干警及湖区群众迅速投入灭火战斗中。经过一个月的连续奋战，终于将大火完全扑灭。在这场火灾中，过火的苇田面积达 95260 亩，实际烧毁苇田 58050 亩，大火波及 12 个乡镇、57 个自然村，受灾人家 9055 户、39718 人，直接经济损失 464 万元。

任何事情、任何工作都离不开时间，要增加社会主义国家的物质产品同样如此。为此，珍惜和节约时间也就成为增加产品的一个重要因素，这也对安全生产提出了更高的要求，

苏联昆虫学家柳比歇夫有一句关于时间的一段名言："人最宝贵的是生命。但是仔细分析一下这个生命，可以说，最宝贵的是时间。因为生命是由时间构成的，是一小时一小时、一分钟一分钟累积起来的。"

年已六十的爱因斯坦，仍然不知疲倦地奔波在科学的大道上。1939 年的一天，纽约百老汇上演一出十分有趣的讽刺剧，几位年轻的物理学家相约去找爱因斯坦一起去欣赏，但爱因斯坦拒绝了。他回答说："我没有工夫去看戏，不要劝我去了！等你们 60 岁的时候，就会珍惜能由你们支配的每一个钟头了！"

美国著名政治家、物理学家富兰克林说:“你热爱生命吗?那么别浪费时间,因为时间是组成生命的材料。”

鲁迅曾经说过:“无端地空耗别人的时间,其实是无异于谋财害命的。”

李大钊在《时间浪费者》中这样写道:“我们每日生活的时间,平均总是自己浪费了一半,别人为你浪费了一半。在我自己浪费时间的时候,还要浪费些别人的时间。这样核算起来,全社会浪费的时间该有多少?全民族的生命牺牲的该有多少?”

在社会主义制度下,由于实现了生产资料公有制,劳动者成为国家的主人和生产资料的主人,在生产过程中,劳动力的所有者同时也是生产资料的所有者。劳动者与生产资料在公有制基础上直接结合在一起,使劳动的性质发生了根本性的变化,他们的劳动不再是被剥削、被奴役、被强制的劳动,而是为自己同时也是为整个社会成员的自觉的、创造性的劳动,劳动者共同劳动所创造出的产品不再归剥削者私人占有,而是归全体劳动者共同占有,并用来满足劳动者个人的需要和公共的需要。

上述分析表明,社会主义生产的直接目的是为了满足劳动人民的需要,正因如此,所生产出的产品当然越多越好,越多就越能满足人民的需要;为此,就必须抓好社会主义安全生产工作。

恩格斯指出:“生产资料的社会占有……不仅可能保证一切社会成员有富足的和一天比一天充裕的物质生活,而且还可能保证他们的体力和智力获得充分的自由的发展和运用。”(中共中央编译局,1972a)

要实现这“两个保证”,当然离不开充足的社会产品,这是人们生存发展和社会正常运行的基础。发展生产、增加产品数量通常有两种方法,包括增加劳动量和提高劳动生产率;在当今风险社会,在科学技术高度发达的今天,又出现了新的方法,就是抓好安全生产工作,使劳动者、劳动资料和劳动对象正常发挥各自作用和效能,从而尽可能多地生产社会产品、创造社会财富。

列宁指出:“无产阶级取得政权以后,它的最主要最根本的利益就是增加产品数量,大大提高社会生产力。”(中共中央马克思恩格斯列宁斯大林著作编译局,1958c)

任何国家和社会要增加产品数量、提高社会生产力,都离不开增加劳动量和提高劳动生产率这两种方法,但同时也要适应当今风险社会这一新形势,将安全生产放到更加突出的位置,通过抓好安全生产,保障劳动者、劳动资料和劳动对象完好,充分发挥其最大生产潜能,从而增加社会产品数量。

由于种种原因,中国劳动生产率远低于西方发达国家,使中国在经济发展中处于十分不利的地位。加快缩小中国同发达资本主义国家劳动生产率之间的巨大差距,是中国未来长期面临的重大任务,还要付出艰苦努力。请看报道。

中国计生协:2030年我国劳动年龄人口为9.58亿

本报北京12月14日电(记者 李红梅) 14日在中国计生协第八届全国理事第二次全体会议上,中国计生协党组书记、常务副会长王培安说,“十三五”时期,我国劳动力总量丰富,社会抚养负担较轻,育龄妇女特别是生育旺盛期妇女数量减少,实施全面两孩政策正当其时。2015年,我国15～64岁劳动年龄人口数量为10.03亿,2030年、2050年分别为9.58亿、8.27亿。

王培安说,2015年,欧美发达国家15至64岁劳动年龄人口总和只有8.26亿。目前,我国的劳动生产率仅为欧美发达国家的1/8,通过产业升级和技术创新提高劳动生产率的空间很大。

他说,一年来,全面两孩政策依法平稳实施,群众欢迎,社会关注,政策效果逐步显现,符合预期。2017年,中国计生协要围绕实施全面两孩政策,落实好宣传教育、生殖健康咨询、优生优育指导、计生家庭帮扶、权益维护和流动人口服务这6项重点任务。

原载2016年12月15日《人民日报》

我国劳动生产率仅为欧美发达国家的1/8，换句话说，就是中国8名劳动者生产出的产品和创造出的价值才顶得上欧美发达国家1名劳动者的劳动成果，这是一个让社会主义制度和社会主义国家不光彩的指标。要改变这一落后的局面，社会主义国家必须奋起直追，大幅度提高劳动者的劳动生产率。

邓小平同志认为，社会主义就是要实现全体人民共同富裕。他指出："走社会主义道路，就是要逐步实现共同富裕。"（中共中央文献编辑委员会，1993）邓小平还指出："社会主义阶段的最根本任务就是发展生产力，社会主义的优越性归根到底要体现在它的生产力比资本主义发展得更快一些、更高一些，并且在发展生产力的基础上不断改善人民的物质文化生活。"（中共中央文献编辑委员会，1993）

共同富裕、不断改善人民的物质文化生活，离不开发展生产力这一社会主义阶段的最根本任务；正因如此，所以必须抓好社会主义安全生产工作，从而切实保障劳动者、劳动资料、劳动对象、劳动产品，这样才能最大限度地增加社会主义国家的物质产品，体现社会主义制度的优越性。

第三节　保障社会主义国家社会稳定

社会主义安全生产的第三项使命，就是保障社会主义国家的社会稳定。

稳定是所有走上现代化之路的发展中国家的共同课题，对于中国而言意义更加重大。中国要建设、要改革、要发展，首先需要稳定。正如邓小平同志所指出的："只有稳定，才能有发展。"（中共中央文献编辑委员会，1993）

强调稳定，是因为有不稳定的因素存在，在这方面必须居安思危。影响中国稳定的因素有可能来自方方面面，而安全生产工作的好坏就是其中一个重要方面。安全生产工作抓不好,重特大生产安全事故接连不断,就可能导致人心不稳,引发社会生产生活秩序混乱;加之当今信息社会,信息传播手段高度发达,各国新闻媒体竞争十分激烈,无论哪里发生重特大事故,瞬间就会传遍全球,国外媒体的集中报道,又会进一步加大事故发生企业及所在地方的处置应对压力,稍有不慎又可能引起舆论上的更大被动,这又将给社会不稳推波助澜。

安全生产如果不能得到保障,引发重大事故,社会的稳定和谐将无法谈起。1968 年,美国发生一起煤矿爆炸事故,78 人遇难,引发全国性的罢工。美国国会随后通过了《联邦煤矿安全与健康法》,规定不具备安全条件的煤矿必须关闭。此后 10 年间,美国虽然深受世界能源危机的影响,却一直保持高压政策,关闭了大批不符合安全与职业健康条件的煤矿。1978 年与 1968 年相比,井工煤矿数量由 4100 多个减少到 1900 多个,煤炭年产量下降 29%,煤矿事故死亡人数也减少了近 73%。

关于安全生产与社会稳定之间的关系,中央领导同志作了许多重要论述。

1996 年 1 月 22 日,中共中央政治局委员、国务院副总理吴邦国在全国安全生产工作电视电话会议上指出:“安全生产工作还存在严重问题,如果任其发展下去,人民生命财产就要受到极大威胁,经济发展和社会稳定就要受到严重影响。这与我们党和政府为人民服务的宗旨是相违背的,与我们发展经济的愿望是相违背的,与社会稳定的要求是相违背的……搞好安全生产是保障社会稳定的重要方面。事故造成人员伤亡和经济损失,影响家庭幸福,就可能引发社会问题,影响社会稳定。一些重大、特大事故,还产生了不好的国际影响。各级党委和政府必须担负起社会稳定的历史使命,严肃认真地对待本地区、本部门的安全生产问题。”

1996 年 12 月 26 日,吴邦国在全国安全生产工作电视电话会议上指出:“重大、特大事故的连续发生,给国家财产和人民生命安全造成巨大损失,也带来了不良的政治影响和不安定因素。遏制重大、特大事故的发生,是各级政府和部门安全生产工作的当务之急。”

2006 年 1 月 23 日,中共中央政治局常委、国务院总理温家宝同志在全国安全生产工作会议上指出:“搞好安全生产,是建设和谐社会的迫切需要。安全生产关系到各行各业,关系到千家万户。加强安全生产工作,是维护人民群众根本利益的重要举措,是保持社会和谐稳定的重要环节。搞好安全生产工作,是各级政府的重要职责。我们必须树立正确的政绩观,抓经济发展是政绩,抓安全生产也是政绩。不搞好安全生产,就没有全面履行职责。各地区、各部门和企业,一定要以对人民群众高度负责的精神,努力做好安全生产工作。”

2011 年 7 月 23 日,浙江省温州市发生甬温线特别重大铁路交通事故,两列火车发生追尾事故,造成 39 人死亡,192 人受伤。7 月 28 日,中共中央政治局常委、国务院总理温家宝在事故现场回答中外记者提问时说:“此时此刻,我的心情很悲痛!愿意借这个机会同各位记者见面,讲一讲我心里的话:我们不要忘记这起事故,不要忘记在这起事故中死难的人们。这起事故让我们更警醒地认识到,发展和建设都是为了人民,而最重要的是人的生命安全;它也让我们认识到,一个政府最大的责任就是保护人的生命安全。”

要维护社会的稳定,就必须保障维持社会生产生活的基本条件,比如供电、供水、供气等,如果这些方面因为生产安全事故而出现问题,正常秩序将会被扰乱,社会就会出现不稳定,这在任何国家都是一样的。请看报道。

英国大规模停电交通瘫痪

据新华社电　英国 9 日晚高峰遭遇大范围停电,地铁停运、机场瘫痪、交通信号灯熄灭,一些医院甚至备用发电机熄火。按照英国交通警察的说法，这次停电及其造成的影响“史无前例”。

路透社报道，英国英格兰、威尔士等地区遭遇停电，首都伦敦多个区域未能幸免。虽然停电时长最多1个小时，但是停电造成的“混乱状况”预期会持续一整天。

停电恰逢周五晚，英国媒体说“这是一周中最繁忙的时段之一”，大量民众刚刚结束一周的工作，搭乘地铁、城际列车或飞机回家度周末。

交通警察说，多条火车和地铁线路受停电影响，车次取消，造成大量旅客滞留。由于站台滞留旅客太多，伦敦最繁忙的国王十字火车站和尤斯顿火车站不得不关闭。

原载2019年8月11日《北京日报》

要保障社会稳定，就必须抓好安全生产工作，使社会生产生活秩序保持正常平稳；与此同时还必须高度重视自然因素的变化，有效应对自然因素对安全生产和人民生活的重大影响。

随着科技进步的加速发展和生产力水平的不断提高，人类对大自然的开发利用程度在加深，范围在扩大；相应的，自然因素对人类生产生活的反作用也在增强，对工业生产、人民生活和社会稳定的影响日益加深。如何科学应对自然因素对人类的多方面影响，已经成为世界各国共同的重大课题，更是世界各国包括社会主义国家在进行经济建设时必须全力应对的重大挑战。

天气、气候决定着自然生态系统和经济社会系统的现在和未来。人类生存生产生活一刻都离不开地球大气，又无时无刻地影响地球大气。2014年，联合国政府间气候变化专门委员会曾经发布科学评估报告指出，最近30年是1850年以来最暖的30年，大气和海洋持续升温导致冰盖和冰川逐步缩小，海平面上升，极端天气和气候事件变得更为频繁，甚至更为剧烈，“全球气候变暖一半以上是由人类活动造成的”这一结论可信度极高。这种状况，对安全生产将带来持久的、重大的、多方面的影响。

2014年,世界气象组织发布报告指出,天气、气候以及与水相关的自然灾害在全球范围内呈上升趋势,并造成大量生命损失,使经济和社会发展滞后数年乃至数十年。从1972年到2012年,全球共发生了8835次自然灾害,造成194万人死亡,经济损失高达2.4万亿美元。联合国秘书长减灾事务特别代表玛格丽塔·瓦尔斯卓姆发表声明说,随着城镇化、人口增长和极端天气现象的出现,灾害风险正在快速累积,目前仍有非常多的人生活在高危地区,面临失去家园、工作和不能接受医疗服务及教育的危险。

多年来,自然灾害造成的损失和苦难遍及世界各国,但亚太地区则是重灾区。请看报道。

亚太最易受自然灾害影响

本报曼谷4月29日电(记者　佩娟)　联合国亚洲及太平洋经济社会委员会(亚太经社会)29日在第六十九届部长级会议上发布报告称,亚太区域是世界上最易受到自然灾害影响的区域。

这份名为《建设抵御自然灾害和重大经济危机的能力》报告称,在过去30年中,亚洲和太平洋地区的自然灾害发生频率上升幅度最大。从2000年到2012年,亚太地区的人们受到自然灾害影响的几率几乎是非洲人的2倍,是拉丁美洲和加勒比次区域的近6倍,是北美人或欧洲人的近30倍。从2000年到2012年,亚太地区大约有250万人受到自然灾害影响,近80万人丧生。

原载2013年4月30日《人民日报》

中国是全球最大的发展中国家,人口众多,气候条件复杂,生态环境脆弱,能源资源匮乏,是世界上特别容易受气候变化不利影响的国家之一,全球气候变化已经对中国经济社会发展产生诸多不利影响,成为可持续发展的重大挑战。

我国横跨热带、亚热带、暖温带、温带、寒温带五个气候带,季风气候显著，是一个气候条件复杂、生态环境脆弱、自然灾害频发、易受气候变化影响的国家，在应对自然变化、保障安全生产、防灾减灾救灾、维护社会稳定方面常年承担着巨大压力。

2007 年 6 月，国务院批准施行的《中国应对气候变化国家方案》指出："中国气候条件相对较差。中国主要属于大陆型季风气候，与北美和西欧相比，中国大部分地区的气温季节变化幅度要比同纬度地区相对剧烈，很多地方冬冷夏热，夏季全国普遍高温，为了维持比较适宜的室内温度，需要消耗更多的能源。中国降水时空分布不均，多分布在夏季，且地区分布不均衡，年降水量从东南沿海向西北内陆递减。中国气象灾害频发，其灾域之广、灾种之多、灾情之重、受灾人口之众，在世界上都是少见的。"

2011 年 6 月 13 日，国务院印发《关于加强地质灾害防治工作的决定》指出："我国是世界上地质灾害最严重、受威胁人口最多的国家之一，地质条件复杂，构造活动频繁，崩塌、滑坡、泥石流、地面塌陷、地面沉降、地裂缝等灾害隐患多，分布广，且隐蔽性、突发性和破坏性强，防范难度大。特别是近年来受极端天气、地震、工程建设等影响，地质灾害多发频发，给人民群众生命财产安全造成严重损失。"

自然灾害对人们生产生活有着重大影响和重大危害，这是一个普遍现象，对此必须正视现实、积极应对，而不能视而不见、拖延躲避。自然因素对安全生产工作的影响，早已引起我国有关方面的高度重视，并提出了相应的应对措施。

1997 年 5 月 11 日，中共中央政治局委员、国务院副总理吴邦国在全国安全生产工作紧急电视电话会议上指出："一些自然灾害对人民的生命财产危害也很大，必须予以高度重视。当前，东北、内蒙古等地天干物燥、大风天多，有不少火灾隐患，有的地方已经发生森林火灾。希望提高警惕，积极采取防范措施，做好减灾防灾工作。"

2008 年 1 月 12 日，国家安全生产监督管理总局局长李毅中在全国安全生产工作会议上指出："督促各地建立健全自然灾害预报、预警、预防和应急救援体系，落实防洪、防汛、防坍塌、防泥石流等隐患点的除险加固，防范引发事故灾难。”

2010 年 4 月 1 日，国家安全生产监督管理总局副局长王德学在全国安全生产应急管理工作会议上指出：“要抓好自然灾害引发生产安全事故的预警预防工作。近些年来，异常天气多发，由于自然灾害引发了多起生产安全事故，给人民生命财产造成重大损失。切实加强可能引发生产安全事故灾难的自然灾害预警、预防工作，有效防范因自然灾害引发的生产安全事故灾难，是安全生产和应急管理工作的重要方面。各地区、各有关部门和单位一定要充分认识这项工作的重要性和紧迫性，采取有效、有力措施，积极应对，有效防范。”

2013 年 7 月 10 日，国务院办公厅发出紧急通知，要求各地区、各有关部门进一步做好灾害防范应对工作。要加强监测预警，制定严密的防范措施，及时发布灾害预警信息。要细化完善相关预案，做好抢险救灾物资、装备等储备，落实好各类抢险队伍，坚决避免群死群伤事件的发生。要做好山洪泥石流灾害易发区、危险校舍、简易工棚等安全排查，遇有重大灾害性天气和险情，学校要停课、厂矿要停工、大型集会活动要取消，及时转移并妥善安置受威胁地区人员。灾害发生后，要及时协调专业队伍，千方百计搜救被困人员。

在大自然面前，无论是人类创造出的生产系统还是人类本身，都是十分脆弱的，对许多严重自然灾害的侵袭是难以防范甚至是无能为力的，在这方面已经有太多的实例。这就给我们提出了一个十分重大的课题，就是必须充分注意自然因素的影响，在这方面多一些谨慎，在安全生产上就多一份保障。

1989 年 8 月 12 日，中国石油天然气总公司管道局胜利输油公司黄岛油库 5 号混凝土油罐爆炸起火，大火共燃烧 104 个小时，烧掉原油 4 万多立方米，占地 250 亩的老罐区和生产区的设施全部烧毁，直接经济损失 3540 万元。在灭火抢险中，有 19 人死亡、100 多人受伤，其中公安消防人员牺牲 14 人，受伤 85 人。

经过现场勘查和综合分析，确定这次事故的原因是该库区遭受对地雷击产生感应火花从而引爆油气，但油库选址、设计、建设、管理等方面均存在许多问题，诸多因素交织，导致这一重大事故发生。一是黄岛油库储油规模过大，生产布局不合理；二是混凝土油罐先天不足，固有缺陷不易整改；三是混凝土油罐只有储油功能，大多数因陋就简，忽视消防安全和防雷避雷设计，安全系数低，很容易遭到雷击，1985 年 7 月 15 日黄岛油库 4 号混凝土油罐就曾遭到雷击起火；四是消防设计错误，设施落后，力量不足，管理水平不高；五是油库安全生产管理存在不少漏洞，就在这次事故发生前的几个小时雷雨期间，油库一直在输油，外泄的油气加剧了雷击起火的危险性，油库 1 号、2 号、3 号金属油罐设计原是 5000 立方米，都凭领导个人意志就将 5000 立方米的储油罐改为 10000 立方米的储油罐，实际罐间距只有 11.3 米，远远小于安全防火规定间距 33 米。一连串的不规范、不符合、不达标，加上自然因素的影响，终于引发了这场重大事故。

可以设想，如果中国石油天然气总公司及相关下属单位对于自然因素对安全生产工作的影响有更多的了解，在油库选址、设计、建设、管理、维护等各个方面更加尽责，在吸取 1985 年 7 月 15 日雷击起火教训上多一份谨慎，这场重大事故完全可以避免。

不只是在生产时间和生产场所要充分考虑自然因素的影响，就是在非生产时间和非生产区域也要高度重视自然因素的影响，否则就可能付出巨大代价。

2013 年 9 月 22 日，强台风“天兔”携着狂风暴雨登陆广东省汕尾市，将厦深高铁汕尾段工地中铁十一局工人临时宿舍刮倒，导致 8 人死亡，8 人受伤。

2014 年 5 月 11 日，位于山东省青岛市黄岛区的山东省再生资源公司生产加工点后侧挡土墙，在风雨中倒塌，压垮职工宿舍，导致 18 人死亡，3 人受伤。

即使在西方发达国家，其安全生产水平很高，目前也不能完全避免因自然因素引发的安全生产事故。请看报道。

受飓风影响得州一化工厂爆炸

新华社休斯敦电　美国得克萨斯州休斯敦地区东北部一个化工厂8月31日凌晨发生爆炸并起火。该化工厂负责人表示，化工厂受“哈维”飓风影响停电，导致存储的化学物质无法降温，因而发生爆炸。

爆炸引起的黑烟直冲天空，幸而未造成人员伤亡。据了解，化工厂内存储的化学物质为一种过氧化物，一个存储容器当天凌晨因温度过高发生爆炸。

爆炸发生时，化工厂周边的民众大多已经撤离。有关部门警告那些尚未撤离的民众待在屋内，关闭空调和门窗。当地消防部门表示，浓烟“没有毒性”，但未明确表明吸入浓烟是否会对人体造成伤害。

该化工厂负责人日前已经预计，如果无法恢复电力，化工厂发生爆炸是必然的。化工厂所有员工以及周边300多户居民已于29日晚撤离。

爆炸发生后，化工厂负责人表示，厂内还有另外8个存储相同化学物质的容器，未来可能陆续发生爆炸。

（记者　高路　刘立伟）

新华社2017年9月1日播发

正因如此，为了抓好安全生产工作，就必须充分考虑和有效应对自然因素对安全生产工作的不利影响，这就要求政府有关部门必须担负起相应的安全生产责任。2011年11月26日，国务院印发《国务院关于坚持科学发展安全发展　促进安全生产形势持续稳定好转的意见》，指出：“建立健全自然灾害预报预警联合处置机制，加强安监、气象、地震、海洋等部门的协调配合，严防自然灾害引发事故灾难。”随着人类生产生活所涉及的自然范围的扩大，自然因素对人类生产生活各方面的影响也在同步增大，在安全生产中充分考虑自然因素，充分发挥气象、地震、海洋等有关部门的作用日益紧迫。

在大自然面前，人类是渺小的，无论是在生产还是在生活中，都必须敬畏大自然，否则必将受到大自然的惩罚。

正如邓小平同志所说：只有稳定，才能有发展。要顺利推进我国社会主义现代化建设，促进经济社会持续健康发展，就必须有一个稳定的社会环境，这就离不开安全生产。在当今风险社会，人工造成的和来自自然界的风险隐患种类繁多，数量巨大，分布广泛，给经济社会发展带来诸多挑战，也给保持社会稳定造成很大压力。对此，必须全力抓好社会主义安全生产，科学防范和应对各方面的风险隐患，为保障社会主义国家的社会稳定提供强大的安全力量。

第四节　维护社会主义国家国际形象

社会主义安全生产的第四项使命，就是维护社会主义国家的国际形象。

社会主义同资本主义的较量和竞争，除了经济发展、科学技术、军事实力等硬实力的竞争以外，还有国家形象等软实力的竞争。

由于我国安全生产工作的开展正处于初级阶段，安全工作水平不高，事故总量很大，对我国的国际形象也产生了消极影响。对此，中央领导同志多次作出明确指示，要求抓好安全生产工作，维护中国的国际形象。

1996 年 1 月 23 日，中共中央政治局常委、国务院副总理朱镕基作出批示：“‘安全第一’的方针要继续坚持和落实。‘一严两抓’非常重要，要严就会得罪一些人，但是，少死一些人，挽回国家资产的损失和国家的声誉，意义十分重大。”

1997 年 5 月 11 日，中共中央政治局委员、国务院副总理吴邦国在全国安全生产工作紧急电视电话会议上指出："这些事故的发生，既影响了生产的正常进行，造成了巨大的经济损失，又危及人民生命财产安全，影响社会稳定，还损害了国家声誉，影响对外开放，后果十分严重。"

2005 年 8 月 25 日，全国人大常委会副委员长李铁映在第十届全国人民代表大会常务委员会第十七次会议上作关于检查《安全生产法》实施情况的报告指出："安全生产关系广大人民群众的切身利益，关系改革发展稳定的大局，关系党和国家的形象，是一项政治性很强的工作。"

2006 年 3 月 27 日，胡锦涛同志在主持中共十六届中央政治局第三十次集体学习时指出："我们必须看到，目前我国重特大安全事故频发势头尚未得到有效遏制，不仅给人民群众生命财产安全造成了重大损害，也给国家形象造成了负面影响。"(中共中央文献编辑委员会，2016)

2011 年 7 月 27 日，国务院第 165 次常务会议听取了"7·23"甬温线特别重大铁路交通事故调查处理情况汇报，并部署进一步加强安全生产工作。温家宝同志在会上指出："特别是 7 月以来，接连发生重特大事故，不仅造成严重的人员伤亡和财产损失，而且对铁路事业发展和国家的声誉造成了不良影响。"

我国安全生产部门及负责同志对安全生产与国家形象之间的关系认识也十分到位。

2000 年 12 月 20 日，国家煤矿安全监察局局长张宝明在全国煤矿安全监察工作会议上指出："对照先进产煤国家，我国煤矿安全状况差距很大。80 年代以来，世界各主要产煤国家的安全状况都有了很大改善。以 1998 年为例，美国产煤 10 亿吨，一年死亡 36 人，百万吨死亡率为 0.03，煤矿已基本消灭重大事故。波兰产煤 2 亿吨，死亡 45 人，百万吨死亡率 0.23 以下……而我国，即使设备和条件都有一定基础的国有重点煤矿，目前百万吨死亡率高达1以上。煤矿安全状况不好，不适应我国改革和发展的形势，直接影响着我国的国际政治形象，有损于社会主义制度的优越性，无论如何不能再继续下去了。”

2003年12月22日，国家安全生产监督管理局、国家煤矿安全监察局印发《国家安全生产科技发展规划（2004—2010）》，指出：“我国安全生产与发达国家相比存在很大差距。我国煤矿事故死亡人数是世界上主要产煤国煤矿死亡总人数的4倍以上，百万吨煤死亡率是美国的160倍、印度的10倍；百万吨钢死亡率是美国的20倍、日本的80倍；特种设备的事故发生率是发达国家总数的5～10倍；万车死亡率约为美国的10倍；近10年民航运输飞行平均重大事故率是世界平均水平的1.5倍，航空发达国家的3.9倍。我国严峻的安全生产形势引起国际社会的广泛关注，直接影响着我国的形象和对外贸易。”

2006年3月23日，国家安全生产监督管理总局副局长王显政在全国安全生产规划科技工作会上指出：“20世纪90年代中期以来，发达国家工业生产中一次死亡10人以上的重特大事故已大幅度减少，粉尘、毒物、噪声等职业危害因素已基本得到控制，目前更加关注的是改善工作条件、缓解工作压力和实现体面劳动。而我国近年来重特大事故起数和死亡人数，以及接触职业危害人数、职业病患者累计数量、死亡数量和新发病人数量，仍是比较严重的国家之一。”

2006年10月21日，国家安全生产监督管理总局副局长王德学在全国作业场所职业卫生监督检查和执法工作会议上指出：“做好作业场所职业卫生监督检查和执法工作，有利于增强国际竞争力和提高我国的国际地位……我国目前的职业安全卫生水平不仅明显落后于发达国家，就是与韩国、新加坡等这些亚洲国家相比也存在较大差距。这种状况如果长期得不到改善，我们就将长期处于落后被动地位，不但影响企业和产品的国际市场竞争力，而且直接损害到我国的国际形象。”

2009 年 1 月 16 日，国家安全生产监督管理总局局长骆琳在全国安全生产工作会议上指出：“在当前形势下，如果安全生产形势出现大的波动，重特大事故多发，必将给我国经济发展、社会稳定以及国际形象带来严重影响。”

2013 年 4 月 2 日，国家安全生产监督管理总局副局长王德学在全国安全生产综合监管工作现场会上指出：“我国与国外发达国家相比，相对指标仍然较高。道路交通万车死亡率是美国的 2 倍，建筑施工每 10 万人死亡率是英国的 2.5 倍，10 万渔船船员死亡率是世界平均水平的 2.6 倍。”

我国安全生产状况引起了国际社会的关注，在每年的国际劳工组织大会上经常有批评中国职业安全卫生状况的发言，工伤事故和职业病问题也是世界人权大会和其他一些国际组织关注中国的重要内容。1994 年美国《新闻周刊》刊登《亚洲的死亡工厂》的文章，对中国南方“三合一”工厂发生重大伤亡事故提出批评。国际皮革、服装和纺织工人联合会秘书长尼·克内曾致函李鹏总理，指责中国政府“没有使用有力的法律手段”，要求“政府制定相应的监察机制，并停止将工厂宿舍设在工厂厂房内的做法”。进入 21 世纪，世界国际煤炭组织曾号召各进口煤炭的国家联合起来，抵制进口中国煤炭。

中国和美国安全生产管理水平之间的差距，可以用两国煤炭行业安全状况及校车安全状况加以对比。

作为世界产煤大国之一的美国，其煤炭行业安全生产水平也位居世界前列。

从 1990 年到 2000 年，美国共生产商品煤 104 亿吨，死亡人数为 492 人，平均百万吨煤人员死亡率为 0.0473。从 2000 年到 2005 年，美国煤炭年产量保持在 10 亿吨左右，每年在煤矿生产安全事故中死亡的人数不超过 40 人，2000 年是 38 人，2001 年是 30 人，2002 年是 27 人，2003 年是 30 人，2004 年是 27 人，2005 年是 22 人。

同美国相比，中国煤矿安全生产水平之低实在是令中国人羞于启齿；就是同一些经济发展程度落后于我国的国家相比，仍然低于这些国家。中国及部分其他国家煤炭行业安全生产状况见表5.10。

表5.10 世界部分国家煤矿事故死亡人数及百万吨死亡率

年度	美国		印度		南非		波兰		中国	
	死亡人数	百万吨死亡率	死亡人数	百万吨死亡率	死亡人数	百万吨死亡率	死亡人数	百万吨死亡率	死亡人数	百万吨死亡率
1980年	133	0.17	151	1.33	104	0.89	135	0.76	5067	8.17
1985年	67	0.08	191	1.21	93	0.54	88	0.48	6659	7.63
1990年	67	0.07	118	0.54	50	0.28	75	0.51	6515	6.66
1995年	47	0.05	137	0.54	31	0.15	34	0.23	6387	4.90
2000年	38	0.04	134	0.42	30	0.13	28	0.26	5798	5.77

从上表可以看出，中国煤炭百万吨死亡率尽管从1980年到2000年呈下降趋势，但中国煤炭行业安全生产水平无论是同美国还是同南非相比，差距却一直在扩大：从1980年到1990年再到2000年，中国煤炭百万吨死亡率同美国相比，从48倍扩大到95倍又扩大到144倍；中国同南非相比，从9倍扩大到24倍又扩大到44倍。

根据国家安全生产监督管理总局2007年2月发布的《煤矿安全生产"十一五"规划》，在"十五"时期我国煤矿百万吨死亡率持续下降，从2000年的5.8降至2005年的2.8，下降了52%，但同世界先进采煤国相比差距仍很大。2005年，中国煤炭产量约占全球的37%，但事故死亡人数则占仅80%。严峻的安全生产状况不仅严重威胁人民群众特别是劳动者的生命安全和身体健康，也影响了社会和谐和中国的国际形象。

在校车安全方面，中国同样落后美国很多。

在美国，校车可谓"武装到牙齿"，校车通体黄色、外形厚重，曾有一辆悍马和校车追尾，悍马的前驾驶舱几乎撞毁，但校车安然无恙。

不仅如此，美国校车上有一个写着“STOP”的标志牌。对于整个美国社会来说，这是一个必须令行禁止的标志。校车一到目的地，司机就会将它显示出来，这时校车前后各25米的车辆要全部停下，甚至对面车道的车也要停下。如果在校车停下之后，后面的车超越它行驶就是严重违章，肇事者会受到非常严厉的惩罚。车内座位上装配有防撞安全装置和安全带。车内附带卫星定位并联网，全时监控车辆行驶情况。

作为公共汽车的一种，美国校车安全系数为5(满分)。由于自身结构坚固，加之严格的法律法规、细心的校车司机与负责任的运营公司，使得校车安全系数超乎想象。作为全美国最安全的车辆，自身坚固性能超过总统专车。也只有这样“彪悍”的校车，这样的法律法规，才能真正保护孩子在上学途中的安全。

中国由于现今经济发展状况，在校车的保障方面落后美国很多，特别是在农村落后更多。

2011年11月7日，江西省南昌市高新区交通警察大队警察截获一辆超员比例高达330%以上的疯狂校车，该车额定载客人数为12人，但车上共有52人。这种校车“疯狂超载”的现象，可谓比比皆是。

就在同一个月，2011年11月16日，甘肃省庆阳市正宁县林子镇发生一起重大交通事故，一辆货运卡车与一辆幼儿园校车迎面相撞，导致21人死亡(其中幼儿19人)，43人受伤。之所以伤亡如此惨重，就是因为接送幼儿的面包车严重超载，核载9人的校车，竟然塞了64人，超载55人!

安全生产水平低下，工伤事故不断，对我国的国际形象产生了很大的负面影响；相应地，只有不断加强安全生产工作，提高我国安全生产管理水平，大幅减少工伤事故及伤亡人员，才能更好地树立中国的国际形象。中国作为世界第二大经济体，就业人口占世界就业人口近1/4，应当为世界安全生产和职业病防治作出自己应有的贡献。

安全生产状况关系到国家形象，关系到世界各国对中国的评价和尊重，这就是安全生产工作极端重要性的一个直接体现。各级领导干部和广大职工群众在安全生产方面的重大历史使命，就是尽职尽责、尽心尽力确保安全，抓好了就是国家功臣，抓不好就是历史罪人。

安全生产是衡量一个国家经济社会发展水平的标志。

工伤事故和职业危害是工业革命的产物，安全生产状况与一个国家经济社会发展时期同步，工伤事故状况同国家工业发展的基础水平、速度和规模等因素密切相关。当前我国还处在社会主义初级阶段，经济高速发展同安全生产保障能力不高的矛盾十分尖锐。相应的，我国安全生产工作也处于初级阶段，整个社会安全生产基础薄弱，企业职工安全生产意识不强，安全业务技能不高，公民安全素质和社会成员的安全诚信意识、安全道德观念有待进一步提高，所有这些都导致我国整体安全生产水平落后于西方发达国家，使我国经济社会发展所付出的生命代价和财富代价较高。

安全生产是政府社会管理能力的反映。

改革开放以来，我国经济建设高速发展取得明显成效。根据世界银行统计，从 1980 年到 2013 年的 33 年间，按照不变价计算的全球 GDP 累计增长 2.3 倍；同期中国 GDP 增长 21.4 倍，占全球经济的比重从 1.7％提高到 12.3％，仅次于美国位居全球第二。1980 年，中国人均 GDP 仅为 193 美元，相当于全球平均水平的 7.7％；2013 年，中国人均 GDP 增加到 6810 美元，相当于全球平均水平的 64.9％。经济增长在增强我国综合国力的同时，也有效改善了人们生活水平。

然而，由于对安全生产工作重视不够，认识不足，致使在安全生产方面的提高进步远远滞后于经济增长，反映出政府部门社会管理能力上的欠缺。多年来，我国经济发展以积累式或台阶式状态稳步前进，经济总量、进出口贸易、国家财政收入、城乡人均收入等各方面都跨上了一个大台阶，但是我国安全生产水平常年来一直在较低水平上徘徊，形成积重难返的态势。导致我国安全生产水平低下的原因是：安全生产体制机制不科学，安全投入不够，企业安全生产主体责任不落实，全社会安全素养不高，安全理论滞后于安全实践，安全生产技术基础薄弱，不同部门、行业和地区之间配合协调不足，等等。所有这些都反映了各级政府社会管理能力的欠缺。

安全生产是公民综合素养的体现。

抓好安全生产根本在人，在于人的安全意识强弱、安全技能高低和安全责任心大小。

美国曾对生产安全事故进行统计分析，仅有15%的事故是不安全环境和设备造成的，而85%的事故是生产作业人员的不安全行为所致，这说明事故发生同人的安全意识和素质密切相关。美国著名安全学者海因里希在其《工业事故预防》书中也明确指出，人的不安全行为是大多数工业事故的原因。

我国处于生产安全事故易发多发高峰期，每年发生生产安全事故总量很大，这同广大劳动者乃至我国公民的综合素养特别是安全素养状况紧密相关。对此，国家明确要求大力提高劳动者的安全素养。

2006年3月，国务院印发《全民科学素质行动计划纲要(2006—2010—2020年)》提出，开展城镇劳动人口科学素质行动，在广大城镇宣传科学发展观，重点倡导和普及安全生产、健康生活等观念和知识。

2016年2月，国务院办公厅印发《全民科学素质行动计划纲要实施方案(2016—2020年)》提出实施城镇劳动者科学素质行动，面向城镇全体劳动者开展安全生产培训，提高城镇劳动者安全生产意识，避免由于培训不到位导致的事故。要尽快走出生产安全事故易发多发高峰期，就必须加快提高劳动者乃至全国公民的安全素养和综合素养。

总之，安全生产是衡量一个国家经济社会发展水平的标志，是政府社会管理能力的反映，是公民综合素养的体现，这就使得安全生产状况的好坏直接影响国家的国际形象。

2011年11月26日，国务院印发《国务院关于坚持科学发展安全发展 促进安全生产形势持续稳定好转的意见》，明确指出："安全生产事关人民群众生命财产安全，事关改革开放、经济发展和社会稳定大局，事关党和政府形象和声誉。"

新中国成立70年来，我国在经济建设方面取得了明显成就，自2010年以来持续保持为世界第二大经济体，但是在安全生产方面还存在诸多问题和不足，既损害人民群众的生命安全和身体健康，又对经济发展造成严重后果，并直接影响社会主义中国的国际形象。对此，必须深刻认识做好安全生产工作的极端重要性，全力以赴抓好社会主义安全生产，多快好省地建设社会主义，并在国际上树立社会主义中国的良好形象。

结 束 语

中国是世界的一部分，中国的发展进步离不开世界，特别是在经济全球化的时代背景下更是如此；同时，世界的繁荣稳定也需要中国。中国的发展和世界的变化，互相影响，互相适应，互相促进，共同促进各自的发展进步。

1980年8月18日，邓小平同志指出："适应现代化建设的需要，努力为人民作贡献，为社会作贡献，为人类作贡献。"（《邓小平文选》，第2卷，人民出版社，1994年版，第336页）

中国作为社会主义大国，在建设持久和平、共同繁荣的和谐世界的豪迈进程中，应当发挥更大的作用、作出更大的贡献，抓好社会主义安全生产就是中国对人类的重要贡献之一，这又包括两方面，一是保护世界各国广大劳动者的生命，二是保护世界各国广大劳动者创造的社会财富。

当前，我国发展不平衡不充分的一些突出问题尚未解决。社会管理落后于经济发展的局面尚未得到根本改变，这就带来大量安全问题，我国仍然处于生产安全事故多发、高发、易发的时期，随时都可能发生生产安全事故。

2007年5月9日，中国红十字会主办的主题为"社会力量在应急管理中的作用"的第二届博爱论坛指出："在我国，每年因自然灾害、事故灾难、公共卫生和社会安全等突发事件造成的非正常死亡超过20万人，伤残超过200万人，经济损失超过6000亿元人民币，我国全民防灾意识教育还相当薄弱。"

2012年9月8日，第14届中国科协年会开幕式特邀报告会指出："今天的中国已经成为世界第二大经济体的国家，然而我们保护这样一个庞大生产力的能力还十分有限。"

2015年1月6日，中共中央政治局委员、国务院副总理马凯在全国安全生产电视电话会议上指出："必须清醒认识到，当前安全生产形势依然严峻，安全隐患仍然突出，事故总量仍然较大，相当于平均每天发生800多起，全年死亡6万多人也是不小的数字；重特大事故仍时有发生，全年共发生42起，平均9天一起；安全生产主要相对指标与发达国家水平相差5至8倍，安全基础总体薄弱，仍处于事故易发多发期。"

20世纪90年代以来，世界各国在安全生产方面的内容和重点均发生了很大变化。发达国家面临的主要任务，已经由职业安全转变为职业健康保健，而中国至今仍然将防范遏制重特大生产安全事故作为重点。2018年3月5日，李克强同志在《政府工作报告》中称："严格落实安全生产责任，坚决遏制重特大事故。"2019年3月5日，李克强同志在《政府工作报告》中称："加强安全生产，防范遏制重特大事故。"这足以说明中国和西方发达国家在安全生产方面的巨大差距，这就更加凸显抓好社会主义安全生产工作的重要性和紧迫性。

为了更好地解放、发展和保护生产力，为了多快好省地建设社会主义中国，为了促进经济社会走上"四个低代价"（低生命代价、低财富代价、低资源代价、低环境代价）发展的科学道路，我们必须抓好社会主义安全生产。与此同时，为了对人类文明的发展进步作出更大贡献，我们也必须抓好社会主义安全生产。

在2000年9月召开的联合国大会上，联合国全体会员国一致通过了一项旨在将全球贫困水平在2015年之前降低一半（以1990年的水平为标准）的行动计划，在联合国首脑会议上签署了《联合国千年宣言》，正式作出这项承诺。

联合国千年发展目标共有八项，包括消除极端贫困和饥饿，普及初等教育，促进性别平等和提高妇女权利，确保环境的可持续能力，改善产妇保健，降低儿童死亡率，与艾滋病毒、艾滋病、疟疾和其他疾病作斗争，全球合作促进发展。

从联合国《千年宣言》可以看出，世界发展存在许多问题，中国应当为促进这些问题的解决作出自己的积极贡献，这就离不开抓好社会主义安全生产。

2012年9月18日至20日，第六届中国国际安全生产论坛在北京举行，欧盟委员会就业、社会事务与机会均等总司社会对话司司长阿明多·席尔瓦说："由于生产安全事故所造成的损失，约占欧盟GDP的2.6％至3.8％。"

2016年9月27日至29日，第八届中国国际安全生产论坛在北京举行。国际劳工组织副总干事黛博拉·格林菲尔德在发言中指出："据国际劳工组织估计，每年因职业病死亡的人数高达200万，因工伤事故死亡人数为35万，共235万人。每年工伤事故与职业病的经济损失约占全球GDP的4％，相当于3万亿美元，对世界经济造成了严重影响。"

生产安全事故和职业病是困扰当今世界的一个重大难题。它不仅毁坏社会财富、阻碍经济发展，还直接摧毁人的生命安全和身体健康。请看报道。

每年200万人因工伤或染病死亡

据联合国网站4月25日消息，每年4月28日是世界工作安全与健康日。联合国有毒废物问题特别报告员吉尔戈斯科(Calin Georges-cu)警告称，世界有数百万工人所从事的职业无法给员工提供足够的安全保护，使他们免受工作带来的疾病和伤害。吉尔戈斯科对儿童和怀孕期的妇女接触有毒物质表示特别担忧，他呼吁各国能严格贯彻工作场合的安全措施，减少每年与工作有关的死亡率。

根据国际劳工组织的统计，每年有200万人因工伤或因工染病而死亡。每年160万人因工染病,工作中的致死或非致死性的事故每年发生270万例,所导致的经济损失相当于每年世界生产总值的4%。吉尔戈斯科说,工作场所中的事故和疾病使雇主面临因员工提前退休、技术工人流失、劳动力短缺和疾病而导致的巨大损失。而这些事故和疾病很多是可以避免的。

吉尔戈斯科指出,只有极少数国家批准了国际劳工组织的公约,如《职业安全和健康公约》《石棉公约》《农业安全和健康公约》和《职业性癌症公约》。但他对最近意大利和法国的两起案件的判决表示欣慰。吉尔戈斯科表示,这两起案件说明了生产商和雇主有义务向其雇员与消费者充分说明他们每日接触的物质的性质和作用。

今年2月,意大利法院在一起因生产石棉纤维而导致数千人死亡的案件中,裁定意大利石棉工厂艾特尼特(Eternit)有罪;几天后,法国法院在一起因杀虫剂化学物质含量不明而导致一名农民染病的案件中,判处法国生物技术公司莫桑托(Mosanto)有罪。

原载2012年4月26日国际在线

摧毁人的生命的不仅仅是生产安全事故,还有交通事故。请看报道。

道路交通事故每年夺去全球近130万人的生命

新华社北京5月6日电(记者　李有超　倪元锦)　“联合国第二届全球道路安全周”启动仪式6日在北京举行。据世界卫生组织驻中国代表处道路安全十国项目负责人介绍,道路交通事故每年夺去全球近130万人的生命,而行人约占每年全球道路死亡人数的四分之一。目前,道路交通伤害已经成为全球第八大死因,如不采取行动,到2020年道路交通车祸预计将每年造成190万人死亡。

5月6日至12日是联合国第二届全球道路安全周。本届安全周主题是“行人安全”，旨在提高公众对行人安全的关注度，减少行人道路交通伤害。

据了解，90%以上的道路交通死亡和伤害发生在低收入和中等收入国家。中国公安部交通管理局统计显示，中国2011年道路交通事故死亡者中，步行的占25.15%。

5月6日，北京动用罚款方式向行人闯红灯说“不”，行人闯红灯罚款10元，非机动车闯红灯罚款20元。世界卫生组织驻中国代表处高级项目官员何景琳认为，罚款会在一定程度上减少行人所面临的风险，但道路交通安全是项系统的工作，还需要更多地借鉴国外经验，从道路设计、车辆设计、加强创伤救护系统等方面保障行人的出行安全。

启动仪式上，中国疾病预防控制中心还向北京市小学生代表赠送了《爱从安全做起——儿童出行安全》手册。

本次活动由中国疾病预防控制中心慢性非传染性疾病预防控制中心、世界卫生组织和新探健康发展研究中心联合主办。联合国大会在2010年3月正式宣布2011—2020年为道路安全行动十年，并制订十年拯救500万人生命的计划。

新华社2013年5月6日播发

贫困也是困扰当今世界的一个重大难题。

贫困是一种“无声的危机”，不仅严重阻碍了贫穷国家的社会经济发展，也是当前地区冲突、恐怖主义蔓延和环境恶化等问题的重要根源之一。

多年来，国际社会为消除贫困作出积极努力，消除贫困也一直是联合国等国际组织讨论的重要议题。1990年制订的《联合国第四个十年国际发展战略》、《联大第十八届特别会议宣言》和1990在巴黎举行的第二届最不发达国家会议通过的《90年代援助最不发达国家行动纲领》等文件，都把发展中国家的经济持续发展和消除贫困列为国际发展战略的首要目标和国际合作的优先领域。1995年联合国社会发展世界首脑会议集中讨论了消除贫困、社会融洽、促进发展的问题，并通过了《宣言》和《行动纲领》，同时确定1996年为国际消除贫困年，1997年至2006年为国际消除贫困十年。2000年9月，联合国千年首脑会议一致通过了“千年发展目标”，承诺到2015年之前将世界极端贫困人口和饥饿人口减半。

2000年，欧盟就已制定了减贫目标，雄心勃勃的“里斯本战略”就把消除贫困列为主要内容，期望在2010年前后基本消除贫困，但却收效不大。

目前，全球有近80%的极端贫困人口生活在农村地区，农村人口面临基础设施、教育、医疗卫生等多方面特殊困难。为此，2018年12月20日，第73届联合国大会通过了77国集团和中国提交的《消除农村贫困，落实2030年可持续发展议程》决议草案。

关于全球贫困人口的生活状况，请看报道。

联合国报告称全球贫困人口超17亿

国际在线11月18日报道 据美国《基督教科学箴言报》11月17日报道，联合国日前公布了2010年度多维贫困指数，按照新的标准，全世界又有3亿人加入贫困者行列，全球贫困人口增长21%，超过17亿。根据这个指数，南非次大陆依然是世界上穷人所占比例最大的地方，但是超过一半的穷人现在居住在南亚。

多维贫困指数是联合国人类发展指数中的一部分。多年来，人类发展指数为贫困设定了一个标准，每天收入不足1.25美元(8.3元人民币)即可划为穷人行列。但许多研究人员认为，仅靠收入不能精确定义贫困，很多东西不能用钱来衡量。

为此，牛津贫困和人类发展研究中心提出“三维+10个指标”的方法，衡量贫困水平。三维分别是健康、教育以及生活标准，10个指标包括营养、儿童死亡率、入学年限、儿童入学率、烹饪燃料、卫生间、水、电、地板以及资产等。10个指标中，缺少3个以上即可被列入贫困行列。通过新的衡量标准，埃塞俄比亚的贫困人口增加了1倍，就连匈牙利的贫困人口也暴增了3倍。

原载2010年11月18日国际在线

1948年12月10日，联合国大会通过《世界人权宣言》，其中第三条规定：人人有权享有生命、自由和人身安全。但在当今世界，生产安全事故、职业危害、交通事故以及贫困等，时时刻刻都在威胁着人的生命、自由和人身安全。

中国作为社会主义大国，高举和平、发展、合作、共赢的旗帜，坚定不移地致力于维护世界和平，促进共同发展。面对生产安全事故、职业危害、交通事故以及贫困等对人的生命、自由和人身安全的威胁，中国应当也完全能够有所作为。

“十二五”以来，中国在世界上的地位发生了重大变化，已经处在世界经济舞台的中心，成为世界经济发展最大的发动机，在国际上的影响力和软实力也得到了进一步提升。从经济实力看，中国经济总量占世界经济总量比重不断提升，在世界240个经济体竞争当中处于上升通道。

美国欧亚集团总裁伊恩·布雷默2015年8月31日发表在《时代》周刊上的文章《中国的十年》指出：“在‘中国的十年’阶段，中国将迅速扩展全球影响力，成为各国都不可忽视的一支力量。中国在各种跨国机构中将发挥重要作用，而地缘政治环境也将对中国有利。”

正因如此，中国更应当为构建人类命运共同体做出更大的贡献。为此，就必须抓好社会主义安全生产，加快建设世界安全生产大国、强国。中国成为世界安全生产大国、强国，就能更好地为世界安全生产提供中国安全经验，更好地维护世界各国劳动者的安全健康，更好地保护世界各国劳动者创造的社会财富，更好地解决世界贫困问题。

中国始终坚持走和平发展的道路，在坚持自己和平发展的同时，致力于维护世界和平，积极促进各国共同发展繁荣。中国和平发展的追求目标是，对内求发展、求和谐，对外求合作、求和平。具体而言，就是通过中国人民的艰苦奋斗和改革创新，通过同世界各国长期友好相处、平等互利合作，使中国人民享有更好的生活，并为全人类的发展进步作出应有贡献。抓好社会主义安全生产，必将为中国的和平发展提供持久的安全保障，必将为中国求发展、求和谐、求合作、求和平提供强大的安全力量，必将为中国人民和世界人民的平安幸福提供可靠的安全支撑。

参考文献

李桂才,等,1990. 中国工会四十年资料选编[M]. 沈阳:辽宁人民出版社.
马克思,1957. 政治经济学批判[M]. 徐坚,译. 北京:人民出版社.
马克思,1975. 政治经济学批判大纲(草稿)·第1分册[M]. 刘潇然,译. 北京:人民出版社.
中共中央编译局,1957. 马克思恩格斯全集·第2卷[M]. 北京:人民出版社.
中共中央编译局,1958a. 马克思恩格斯文选两卷集·第1卷[M]. 北京:人民出版社.
中共中央编译局,1958b. 马克思恩格斯列宁斯大林论共产主义社会[M]. 北京:人民出版社.
中共中央编译局,1960. 马克思恩格斯全集·第3卷[M]. 北京:人民出版社.
中共中央编译局,1964a. 马克思恩格斯全集·第16卷[M]. 北京:人民出版社.
中共中央编译局,1964b. 马克思恩格斯全集·第22卷[M]. 北京:人民出版社.
中共中央编译局,1964c. 马克思恩格斯全集·第18卷[M]. 北京:人民出版社.
中共中央编译局,1972a. 马克思恩格斯选集·第3卷[M]. 北京:人民出版社.
中共中央编译局,1972b. 马克思恩格斯选集·第2卷[M]. 北京:人民出版社.
中共中央编译局,1972c. 马克思恩格斯选集·第1卷[M]. 北京:人民出版社.
中共中央编译局,1975a. 资本论·第1卷[M]. 北京:人民出版社.
中共中央编译局,1975b. 资本论·第2卷[M]. 北京:人民出版社.
中共中央编译局,1979. 马克思恩格斯全集·第42卷[M]. 北京:人民出版社.
中共中央编译局,1995. 马克思恩格斯选集·第3卷[M]. 北京:人民出版社.
中共中央马克思恩格斯列宁斯大林著作编译局,1957. 列宁全集·第3卷[M]. 北京:人民出版社.
中共中央马克思恩格斯列宁斯大林著作编译局,1958a. 列宁全集·第27卷

[M]. 北京:人民出版社.
中共中央马克思恩格斯列宁斯大林著作编译局,1958b. 列宁全集·第32卷[M]. 北京:人民出版社.
中共中央马克思恩格斯列宁斯大林著作编译局,1958c. 列宁全集·第33卷[M]. 北京:人民出版社.
中共中央马克思恩格斯列宁斯大林著作编译局,1971a. 自然辩证法[M]. 北京:人民出版社.
中共中央马克思恩格斯列宁斯大林著作编译局,1971b. 帝国主义是资本主义的最高阶段[M]. 北京:人民出版社.
中共中央马克思恩格斯列宁斯大林著作编译局,1972a. 列宁选集·第3卷[M]. 北京:人民出版社.
中共中央马克思恩格斯列宁斯大林著作编译局,1972b. 列宁选集·第4卷[M]. 北京:人民出版社.
中共中央马克思恩格斯列宁斯大林著作编译局,1976. 马克思恩格斯《资本论》书信集[M]. 北京:人民出版社.
中共中央文献编辑委员会,1993. 邓小平文选·第3卷[M]. 北京:人民出版社.
中共中央文献编辑委员会,1994. 邓小平文选·第2卷[M]. 北京:人民出版社.
中共中央文献编辑委员会,2006a. 江泽民文选·第2卷[M]. 北京:人民出版社.
中共中央文献编辑委员会,2006b. 江泽民文选·第3卷[M]. 北京:人民出版社.
中共中央文献编辑委员会,2016. 胡锦涛文选·第2卷[M]. 北京:人民出版社.
中共中央文献研究室,2008. 科学发展观重要论述摘编[M]. 北京:中央文献出版社,党建读物出版社.